"十四五"职业教育国家规划教材

国家级精品资源共享课立项课程配套教材

互联网 + 职业技能系列

职业入门 | 基础知识 | 系统进阶 | 专项提高

软件测试技术
基础教程

理论、方法与工具 | 第 2 版 | 微课版

Foundations of Software Testing

汇智动力 编著

人民邮电出版社

北 京

图书在版编目（CIP）数据

软件测试技术基础教程 理论、方法与工具：微课版/汇智动力编著. -- 2版. -- 北京：人民邮电出版社，2019.11
（互联网+职业技能系列）
ISBN 978-7-115-49189-3

Ⅰ. ①软… Ⅱ. ①汇… Ⅲ. ①软件－测试 Ⅳ. ①TP311.55

中国版本图书馆CIP数据核字(2018)第193170号

内 容 提 要

本书从软件测试工作岗位技能要求分析着手，详细剖析软件测试工作所需的理论知识，帮助读者从基础测试思想、理论入手，进而掌握软件测试工作核心技能，构建系统的测试知识体系。

全书共 11 章，从 IT 行业介绍，到软件测试工作常见的测试技术、测试工具，以软件测试工作流程为经，以技术案例为纬，全面深入地讲解软件测试职业所需的理论知识及常用技能。

作为修订版，本书在原版基础上，增加了移动应用测试、软件测试工具（如 Selenium、Appium、Jmeter、LoadRunner）等知识，更新了业内最新的技术方法及工具应用。

本书可作为高等院校、高等职业院校软件测试专业的教材，也可作为社会培训机构的培训教材，同时也适合从事软件测试工作的读者自学参考。

◆ 编　　著　　汇智动力
　　责任编辑　　马小霞
　　责任印制　　马振武

◆ 人民邮电出版社出版发行　　北京市丰台区成寿寺路 11 号
　　邮编　100164　　电子邮件　315@ptpress.com.cn
　　网址　http://www.ptpress.com.cn
　　保定市中画美凯印刷有限公司印刷

◆ 开本：787×1092　1/16
　　印张：14.25　　　　　　　　2019 年 11 月第 2 版
　　字数：405 千字　　　　　　 2024 年 12 月河北第 15 次印刷

定价：45.00 元

读者服务热线：(010)81055256　印装质量热线：(010)81055316
反盗版热线：(010)81055315
广告经营许可证：京东市监广登字　20170147 号

前 言 PREFACE

　　软件是人类智慧的结晶，从构思创建、设计实现、运行维护到终结使用，软件具有鲜活的生命周期。既然软件有生命，也会像我们人类一样，可能存在各种疾病，而软件测试正是软件质量保证最主要的策略手段与技术方法，被认为是软件的"医生"。

　　随着 IT 技术的不断发展，软件测试人才需求缺口不断增加，IT 行业中软件测试人才市场需求发展非常迅猛。软件测试本身已经成为了一个热门行业。通过自学成为软件测试工程师的成长速度已经无法匹配测试行业人才的渴求脚步，如何快速培养合格的测试工程师是目前企业在招聘、培养测试工程师过程中碰到的难题。目前很多院校加大了计算机专业课中软件测试课程的教学比重，开设了软件测试方向或者专业。

　　作者自 2003 年进入软件测试行业，在十多年的软件测试工作中，深谙软件测试行业素质技能需求、企业招聘职位需求。在从事软件测试职业技能培养工作后，更深入理解企业与求职者双方的差异，充分剖析高等院校学生的认知能力和学习习惯，将多年的软件测试企业内训、职业培训经验与教学经验相结合，以尽量精炼的知识点、尽量优化的内容设置、尽量直白的表述帮助读者学习软件测试知识，掌握软件测试所需的技能与方法，从而满足软件测试不同岗位的需求。

　　本书贯彻党的二十大精神，注重立德树人，重点培养学习者的软件测试实践能力和软件测试工程师岗位职业素养。本书在部分章节中添加了拓展阅读，进一步培养学习者的质量意识与精益求精的工匠精神。

　　本书以测试工作中所需的核心理论知识为主，从软件测试起源到 Web 系统测试、移动应用测试技能，再结合测试工作中所需的测试工具，有针对性地阐述测试工作所需的理论知识和核心设计执行能力。全书在深入阐述理论的同时，辅以易理解的项目案例，更便于读者学习。

　　本书附录部分提供了企业软件测试工作中常用的文档模板，主要包括测试计划、测试方案、测试用例、缺陷报告、测试报告、性能测试报告等，以方便读者在学习、工作中查阅。

　　本书为国家级精品课程、国家级精品资源共享课立项课程配套教材，配有 42 个在线微课视频配合图书同步讲解，读者可扫二维码观看。

　　限于水平，书中疏漏与不妥之处在所难免，恳请广大读者指出，不胜感激！

编著者
2023 年 1 月

目 录 CONTENTS

第①章 IT行业及软件测试

从IT行业发展历史纵观软件分类及目前行业现状，由软件开发活动引出软件测试活动，重点介绍软件测试活动在现行IT行业中的重要位置，以及从事软件测试工作所需的岗位要求及技能要求，并给出快速学习途径。

学习目标

1. 了解软件测试行业发展前景。
2. 理解软件测试工作的重要性。
3. 了解软件测试工作的任职要求（职业素养）。
4. 掌握软件测试技能学习的方法。

国产软件的"文化自信"

1.1 IT行业发展

随着社会科技的不断进步，信息技术（Information Technology，IT）正发生着日新月异的变化。IT技术从传统的计算机行业变革为更加强化大数据、人工智能的应用。

1946年，在美国宾夕法尼亚大学的莫尔电机学校，人类历史上的第一台电子计算机诞生了。在70多年的岁月里，随着计算机技术的不断发展，IT技术随之急速改革发展。从之前简单的单用户单区域到如今的云存储、大数据、物联网、人工智能时代，IT技术越来越深入人们的日常生活中，对人类生活起着极其重要的作用。

IT技术以用户应用角度区分，主要分为硬件设计开发测试、软件设计开发测试、信息分析统计技术、网络设计维护技术、IT产品销售支持技术等。

日常生活随处可见的"手机控"，经常应用各种App，如微信、QQ、王者荣耀、今日头条等，各大电子商务平台，如淘宝、京东、当当、亚马逊等，金融证券的交易系统，如营业系统、ATM、网上银行等，都使读者能切身感受到IT技术给生活和工作带来的便利。

随着人们生活品质的不断提高，对提供服务的软件系统也提出了更高质量的要求。以前应用范围较小的软件系统，即使在实际使用过程中，出现一些缺陷也是可以容忍的，毕竟影响范围不大，风险较小，但随着应用范围的不断扩张，现在的数据信息互联互通，一旦某个区域出现缺陷，就很可能牵一发而动全身，导致整个体系无法运营，因此用户对IT产品质量的要求随着应用范围的不断扩大而越来越高。针对软件行业而言，如何提高软件产品或项目的质量，一直是软件工程优化改革活动进程中的热门话题。

软件生产活动中，软件测试活动在发现并解决软件系统缺陷、保证软件产品质量，降低企业生产成本、提高经济效益的进程中具有不可替代的作用。同时，软件测试活动又是一个非常复杂的过程，需要考虑人员、技术、管理、工具等众多因素。因此，软件测试工程师不仅仅要知道"做什么"，还要知道"为什么"以及"如何做"。测试工程师在测试活动实施过程中，需掌握相对全面深入的职业技能，方能从本质上保证软件产品的质量，从而满足用户的应用需求。

1.2 软件测试行业发展

1962 年，携带空间探测器的水手 1 号火箭前往金星，起飞后不久就偏离了预定航线。飞行任务控制系统在起飞 293 秒后就发出指令摧毁了火箭。随后的事故调查显示，一名程序员在将一条手写的运行公式编码时输入错误，导致运行轨道偏离和错误指令的产生，从而引起了这次损失 1850 万美元的航天事故。

2017 年 5 月，英国、意大利、俄罗斯等全球多个国家受到勒索病毒攻击，中国大批高校也出现感染情况，众多师生的计算机文件被病毒加密，只有支付赎金才能恢复。不法分子使用 NSA 泄漏的黑客武器攻击 Windows 漏洞，把 ONION、WNCRY 等勒索病毒在校园网快速传播感染，如图 1-1 所示。

IT 发展进程中，软件缺陷往往会引起巨大的损失，甚至是灾难。图 1-2 所示是 QQ 电脑管家产生的一个崩溃缺陷，相信很多读者在日常生活中经常碰到类似的缺陷。从表象来看，此处的缺陷可能不会引发太大的不良后果，对用户的影响不大，但如果 QQ 电脑管家在扫描关键数据时崩溃，则可能会导致重要数据信息丢失，如扫描 U 盘病毒，QQ 电脑管家崩溃后导致无保护措施，U 盘数据信息丢失，这样后果很严重。

图 1-1 央视报道勒索病毒

图 1-2 QQ 电脑管家崩溃缺陷

过去，软件仅由一些掌握较少开发知识的程序员编写。程序员在编写代码的同时，还肩负着程序代码测试、保证代码质量的职责。实际上，程序员此时所做的"测试"工作并非真正意义上的软件测试活动。他们所做的测试，从本质上来说，应该称作"调试"。调试是一种为了发现、分析并清除缺陷的开发活动，对软件程序代码做出一系列检查、改正的过程，其出发点在于以程序员视角检查缺陷，从而满足程序员设计的需求。

软件测试，从软件产品的最终用户应用角度出发，通过一系列有效的测试活动，检测程序代码、观察其运行表现、验证其是否正确实现并满足最终用户需求。真正区分测试与调试的意义在于，软件测试从软件质量保证角度来检验被测对象（源代码、文档及配置数据）是否存在缺陷，调试则是从设计角度出发，通过调试活动，证明被测对象已不存在问题。调试活动与测试活动在出发点上即存在根本性的差别，因此调试活动根本无法替代软件测试活动。

由于早期软件只有少量的代码，程序员完全可以担任开发、调试，甚至最后的发布活动。但随着商用软件的出现，软件程序规模经历了一次又一次爆炸式的增长，从最初的几行或几十行程序代码，发展到现在的千万行，软件复杂度不断增加，开发难度也越来越大。随之而来的问题是，如何在研发压力不断增加的情况下，开发工程师仍能保证工作的质量。如何平衡软件研发成本控制和软件质量提高两者的关系，成为学者和实践者们不断追寻的目标。术业有专攻，通过流程化、规范化的管理手段，将软件开发活动及质量保证活动有意识地区分开，是寻求高质量产品的重要手段。因此，很多公司在发展后期，产品研发团队、流程达到一定规模后，引入了专业的软件测试活动。

软件测试活动的出现，解放了程序员，使程序员能够专心地以技术实现视角，构造体系、优化算法，而测试人员则从用户视角，发现并提出代码或应用层面的缺陷，从不同的角度共同提高软件产品的质量。更细分的分工方式，也更适合于当今社会的合作发展模式。

随着软件生产流程的不断优化，软件测试方法也不断地进行改革，从早期的手工黑盒测试为主，演变至今天的手工测试、自动化测试与性能测试三足鼎立局面。IT 行业越来越深入地影响着人们的生活。软件生产亦从专业小众群体往多领域大众化发展，从技术角度而言，软件测试领域将会引入越来越多、越来越符合软件质量保证、流程优化的方法。从业务角度而言，专项业务测试将会大行其道，如金融产品测试、移动互联测试、电子商务、移动通信业务及通用业务等，不仅仅要求测试工程师具备越来越多的测试技术，业务知识也是非常重要的一项软技能。

1.3　软件测试职位对比

软件测试的核心在于检验被测对象是否满足用户的要求，从这一目标不难看出，测试者一定要站在用户的角度思考问题，从用户的实际使用环境、习惯着手验证被测对象应用表现。只有这样，才能满足用户需求，辅以高质量的产品设计、高效的生产过程，研发出来的软件才是高质量的产品。因此以最终用户身份进行软件产品测试将是未来一段时期内主要的测试思路。

与软件开发的创造性相比，软件测试活动需具有破坏性思维。被测对象不仅能处理正确、正常的业务操作，也需经得起异常输入、异常操作的考验，软件系统应当具备某种程度的健壮性要求。

软件测试相比其他 IT 工作，行业进入门槛低。从业务测试角度考虑，从业人员仅需掌握被测对象的业务知识，了解一些基本的测试方法，以最终用户身份去使用和检验被测对象即可胜任。如果需要完成自动化、性能测试，甚至是白盒测试，也只需学习一门编程语言和一些工具即可胜任。当然，还可能需要其他一些辅助知识，如数据库、操作系统（Linux/UNIX）、服务架构类（Web Server、中间件、网络硬件等）。随着 IT 技术的迅速发展，测试工程师所需掌握的技术会越来越多。

行业没有好坏，只有是否适合自己，软件测试工作进入门槛低，技术升级相对缓慢，随着测试经验和技术能力在实际工作中的不断加强，提升相对容易，价值体现在脑力活动上，但软件测试工作也是一个细心、耐心活，对从业者的职业素质要求较高。

3

从职业技术要求角度，软件测试可分为手工测试、自动化测试、白盒测试等几个方面；从业务知识角度，可分为金融产品、电子商务、移动互联等业务方向。从测试管理角度，软件测试工作者有测试主管、测试经理、测试总监等之分；按测试资历来分，则有初级测试工程师、中级测试工程师、高级及专家级测试工程师。

软件测试在软件生产分工合作细化的发展进程中，其职业岗位要求不断被细化，新入行的读者可根据自己的兴趣爱好及性格特点选择适合自己发展的职位。

软件测试工作与软件开发工作相比，主要有以下几点不同。

1．知识体系要求不同

从软件生产活动分工来看，软件开发与软件测试是软件生产过程中非常重要的两个环节。软件开发工程师需要了解业务背景、需求、编程语言、数据库、操作系统等知识，在整个知识体系中偏向于产品构建型知识。软件测试人员则不然，在日常测试工作中，需要站在用户的角度思考问题，可以对软件开发及软件内部知识不做太多了解，更多地偏向于应用产品、破坏产品。在工作中可能同时测试若干项目，可能面临着不同编程语言编写、不同架构平台、不同业务知识背景，甚至完全不同的操作模式（网页游戏和手机游戏），因此测试工程师需要提高知识的广度和技术深度。

2．技术技能要求不同

软件开发工程师需掌握一系列专业的编程语言、数据库、操作系统、服务器管理等知识；编程技能，如 C、C++、Java 等；数据结构、算法；常用的集成开发环境（Integrated Development Enviroment, IDE）平台，如 VS、Eclipse 等；数据库，如 MySQL、SQL Server、Oracle、MangoDB 等；操作系统，如 Windows Server、Linux/UNIX 等。开发知识更新相对较快，因此对开发工程师脑力要求较高。随着年龄的增长，开发工程师精力会逐年下降，因此很多开发工程师做到一定年限后基本都转向管理岗位了。软件测试掌握的技能相对要简单些，基本都围绕应用层面考虑，如测试理论、测试流程、测试用例设计方法、缺陷管理知识。如果需要实施自动化或性能测试，可利用 Selenium、Appium、JMeter、LoadRunner 等工具，掌握通用的编程语言，如 C、C++、Java 语言等，即可满足大部分需求，也可以学习些脚本语言，如 JS、VBS、Python 等，而数据库、操作系统等方面的知识仅在实现性能测试或其他测试目标时需要。初学者选择一个门槛低、提升快、适合自身性格发展的职业是比较明智的选择。

3．问题思维模式不同

软件开发工程师的问题思维模式是创造性的，关注重点是如何构造、如何实现、如何编写高质量的代码；软件测试工程师的思维模式则是破坏性的，会想方设法从用户的使用角度破坏系统，构建正常、异常输入，发现被测对象表现特性与用户需求的偏离现象。

在某招聘网站搜索软件测试岗位，发现近期相关岗位招聘量在 400 页左右，如图 1-3 所示。同样的，搜索软件开发相关岗位发现招聘量在 2000 页左右。从这个数据不难看出，目前国内市场对软件开发的热衷程度还是比较火爆的，软件测试发展还处于初期，与国际软件工程要求的开发测试 1:1 或者 1:2 相差甚远。软件开发行业目前在国内已经发展得较为成熟，各层次人才配比合理，但软件测试却出现了人才断层、资源匮乏的现象。高校教育通常滞后于社会需求 3 年以上，无法提供充沛的软件测试人才储备，行业内的软件测试人才的供应速度依然不能填补软件测试人才的缺口，仍需广大测试爱好者、转行者加入。

图 1-3　某招聘网站软件测试职位需求

1.4　软件测试任职要求

在国内软件测试刚起步时，普遍的现象是让那些工作经验最少的新手去做测试工作。没有人愿意做测试，公司觉得培养测试工程师是一件高成本低收益的事情，花钱费力没效果，但实际上，测试工作是一项极其重要的质量保证活动，因为测试部门是软件发布质量把控的出口，又可能是客户意见反馈的入口。如今，这种测试不重要的观点已经改变，很多公司都需要优秀的软件测试工程师。然而，因为以前的不重视，导致了软件测试行业的发展相对滞后，优秀的软件测试工程师非常难得。行业经验表明，对软件开展高效的测试活动所需要的技能绝不比软件开发要求低。测试工程师需要对软件有全面的了解，而开发者可能只对自己开发的模块理解得较深入。一个优秀的测试工程师要对一些不易重复出现的错误找到规律，要能够帮助开发工程师定位问题，能够对代码进行一定的检查，将错误尽可能在项目生产的早期阶段发现，同时，测试工程师还要对各种编程语言、数据库都有一定的了解，要有编程的概念。

在寻找软件测试工作时，想了解软件测试岗位的任职要求不难，通过招聘网站各大公司的招聘需求即可得知。一般情况下，任职要求分为技术技能需求和职业素质需求。

1.4.1　岗位基础要求

软件测试工程师岗位基础要求一般包括以下几个方面。

1．学历

学历，代表学习的能力。软件测试工程师的最低学历要求一般是专科以上学历，有好的基础，才可能有好的结局，因此，很多公司对学历有一定的要求。

2．专业

专业基本无要求，当然要是计算机及相关专业更好。不过特殊的行业可能有特殊的需求，例如做建筑软件的公司，招聘测试工程师倾向于招聘土木工程专业的；做医疗软件的公司，则倾向于医疗专业毕业生，因为这样专业更对口。对于基础技术而言，因为软件测试本身就需要从最终用户的使用角度考虑，所以专业往往没有特别的要求。

3．经验

很多公司在招聘测试工程师时希望应聘者具有 2 年以上的测试经验，企业要求具有一定经验的目的在于，降低员工工作风险、缩短员工适应周期、减少员工培训成本。如果应聘人员具有对口的问题解决能力，则是否有软件测试工作经验不是关键问题。测试具有一定经验的要求给转行或应届毕业生造成了就业困扰。

4．测试技术

软件测试工程师要求有以下测试技术。

（1）了解软件工程、软件生命周期基础知识，了解软件配置管理；

（2）能够根据不同企业的产品特点快速理解需求；

（3）了解相应的开发、测试模型，如SCRUM、敏捷测试等；

（4）熟悉软件测试的常用技术、方法、流程；

（5）熟练掌握软件测试文档写作方法，如测试计划、测试方案、测试用例、缺陷报告、测试报告等。

（6）熟悉自动化测试的流程、管理及深层开发（包括测试驱动、测试框架等）。

（7）了解若干主流测试工具，如接口测试工具JMeter、PostMan、SoapUI等，功能自动化测试工具Selenium、Appium等，性能自动化测试工具LoadRunner、JMeter等，测试管理工具Quality Center、应用程序生命周期管理软件（Application Lifecycle Management，ALM）、ClearQuest、禅道等。

5．开发技能

对于资深的测试工程师，需要一些开发知识，如编程语言C、C++、Java、Python等，在测试过程中开发一些测试工具、测试脚本等。在此过程中，需要掌握数据库（MySQL、Redis、Oracle、MangoDB）、操作系统（Windows Server、Linux/UNIX）等。

6．业务知识

因为不同业务有不同的测试方法，所以企业招聘测试工程师时，一般需要应聘者具有招聘企业的业务背景知识，目前一般集中在金融证券类、移动通信、电子商务、页游手游、移动互联、Web门户等系统。

1.4.2 职业素质要求

下面介绍软件测试工程师所需具备的基本职业素质。

1．责任心

由于目前软件测试行业仍处于发展初级阶段，缺乏完善的量化指标对软件测试活动做出有效质量度量。有些企业、公司甚至以测试工程师发现缺陷的多少作为绩效考核指标。这种方法有很大的弊端，软件测试工作本身就是一个主观色彩很强的工作，测试工程师在测试活动中需尽可能地模拟软件产品最终用户的业务流程来进行测试，但在实际工作中是不太可能做到的，特别是在没有明确测试需求的情况下，测试结果大多是基于测试工程师根据项目文档和自己对软件产品的理解及相关产品经验得出。

思维定势时，即使是再简单、再浅显的缺陷，测试工程师也可能无法发现。"当局者迷，旁观者清"，用在此处最贴切了。测试工作开展初期，被测对象中存在大量的缺陷，测试工程师毫不费力，即可找到很多缺陷。随着测试工作不断深入，测试版本不断迭代，不论测试工程师再怎么用心，也不一定能找到更多的缺陷。因此，以缺陷的多少来衡量软件测试工程师的工作质量，并非一种明智、公平的考核方法。

在实际工作中，如果没有明确的测试需求，没有完善的测试用例，软件测试活动在很大程度上就依赖于测试工程师的责任心，主动完成测试任务，确保自己的工作质量。

2．沟通能力

软件测试活动中，沟通能力并不是通常意义上所讲的交流，其包含的更多成分是技术含量以及服务意识。

测试是连接开发和客户的纽带，与开发工程师沟通，需要从专业知识角度考虑，当发现的缺陷开发工程师不认可时，如何从理论、实际应用以及缺陷可能引发的后果等角度去阐述缺陷，使开发工程师认同测试工程师的判断，所做出的阐述要有理有据，而不是强词夺理，更不是争吵。时刻记住，缺陷很大程度上是开发工程师犯下的错误，令人承认自己犯错通常都是一件困难的事。

在实际工作中，开发工程师与测试工程师在某种角度上来讲是对立的。从表面上看，软件测试目的和软件生产活动中其他工作的目的都是相反的，其他工作是"建设性"的，而测试工作是"破坏性"的——尽最大可能证明程序中有缺陷，不能按照预定的要求正确工作。从这点来说，软件测试与软件开发是对立的。不过，这仅仅是从表面来看。实际上发现问题、揭露问题并不是软件测试的最终目的。发现问题是为了解决问题，软件测试的根本目标是尽可能多、尽可能早地发现软件生产过程中的问题，并与其他部门一起定位问题、排除问题，最终把一个高质量的软件系统交给用户使用。从这点来说，软件测试与软件开发又是统一的，所以软件测试与软件开发从整个软件生产过程来看它们是一个利益的共同体，只是在这个过程中扮演了两个不同的角色。

开发与测试的共同工作目标是为了提交高质量的软件系统给用户，在实际工作中需要尽最大可能理解对方，提高双方工作效率。

3．团队合作精神

很多人都喜欢篮球运动，喜欢这种体育运动中所体现出来的团队合作精神。团队配合赢球后的感觉让人很开心、很有成就感。在比赛、娱乐过程中，每时每刻都不是一个人的战斗，同样一个部门也不是一个人的部门。软件产品研发活动，需很多部门协同工作，市场部、研发部、测试部、售后服务部、运维部等。一个高质量的软件产品从设计、生产到发布，是众人努力劳动、智慧的结晶。单枪匹马闯天下的局面已经不复存在。现在几乎每家公司都在强调这种精神。例如，华为公司在新员工入职培训中，会通过多种形式，如演讲、相声、小品等来培养、增强员工的团队合作意识。软件测试工作从其工作内容来看，是极具破坏性的工作，开发活动则是建设性的，从这点可以看出，如何沟通，如何妥善地协调开发与测试同事的工作关系，将决定软件生产活动的工作质量。因此，软件测试工程师需要具备高度的团队合作精神，与其他同事一起努力，为保证软件产品的质量做出贡献。

4．耐心、细心、信心

很多人会问，软件测试工作对性别有无要求。其实性别歧视在软件测试行业不存在。女生与生俱来的细心特质，在软件测试工作中体现无遗，男生的自信也将在此工作中得到充分发挥。软件测试工作中，需要测试工程师有极大的耐心、细心、信心，与性别无关。很多人在不了解软件测试真正的工作内容时，会认为这项工作是枯燥的、无味的。其实不然，每个人工作都需要一种成就感，这种成就感让测试工程师时刻保持着工作的激情。当测试工程师设计了比较高效的用例，在软件产品测试初期发现了大量缺陷时，很有成就感，不亚于开发工程师自诩的"创造感"。然而，这只是开始，随着测试的深入，发现缺陷越来越难，不是所有的缺陷都能很容易地找出，这时，就更需要耐心、细心了，需要花费更多的时间、更多的精力去发现、识别和解决每一个缺陷。

人无完人，项目管理不规范、文档不齐全等客观因素，增加了软件测试工程师犯错的概率。对需求的误解、业务知识的缺乏等原因，可能会导致测试工程师提出一些不是缺陷的缺陷，开发工程师可能对此类测试工程师存在一些看法。此时测试工程师应对自己的观点有足够的自信心，谦虚地接受开发工程师提出的意见和建议，提高自身发现问题并解决问题的能力。

5．风险防范意识

软件测试与软件开发工作内容的不同，导致了在某些时候测试工程师发现缺陷后，开发工程师会以各种借口将该缺陷掩饰过去。测试工程师则需从测试理论、测试技术、实际用户需求角度出发，采用一定的策略去准备各种测试数据，从每个细节上设计不同的用例，去证明缺陷确实存在，或者确实可能造成比较严重的不良后果。从事实出发，尽可能多地找出软件缺陷，协助开发工程师定位问题，以求解决问题，这样才能不断地发现问题、解决问题。测试工程师要有怀疑一切的态度，不为每一次的"狡辩"而放弃自己的立场。记住，一切用数据说话！

软件测试工程师作为软件质量保证活动实施的主体，一定要有风险防范意识。当发生过的缺陷再次重现后，需分析其重现的原因，找出解决办法，从而避免再次出现。要善于分析测试结果、缺陷分布情况等。只有不断地总结，加强缺陷预防的能力，才能提高软件测试的工作效率。

6．持续学习能力

大多数企业、公司在招聘软件测试工程师时，提出了很高的要求，如开发语言掌握情况、测试理论熟悉程度、测试工具使用经验等。为了获得更多的发展机会，提高自身的职业竞争力，软件测试工程师需要不断地学习，掌握开发工程师所使用的编程语言，能更多、更有效地找出缺陷，掌握一定的测试理论、测试工具将会大幅度提高自身的工作效率。同时，也为自身的发展奠定坚实的技术基础。

软件测试工作其实对软件测试工程师的技能要求很高，例如，编程语言不一定要精通，但测试工程师必须了解大部分的编程语言，要具备软件开发的思想。测试工程师还要掌握众多的业务知识。因此，学习能力对于测试工程师来说是非常重要的。

1.5 软件测试学习方法

在了解软件测试行业发展、任职要求后，读者可能希望加入软件测试这个行业，或者已经入行的读者希望提高自己的技术技能。这里建议参照以下方法进行学习。

不管读者是何基础，只要满足最低的学历要求，都可学习软件测试相关知识，从事软件测试工作。根据目前软件测试行业技能发展的要求和自身职业发展经验，绘制了图 1-4 所示的学习路线图。

1．初级测试工程师

测试初学者从初级测试工程师的岗位技术技能要求开始学习，首先学习测试理论，如软件工程、测试基础、软件质量、测试用例设计方法等知识。有了一定的理论基础后，可选择一个项目从初始的测试需求分析、测试计划、测试方案设计开始深入，直至最后阶段的测试实战、缺陷报告及测试报告编写，将理论运用于实践，通过实践加深对测试理论的理解，循序渐进，熟练掌握常用的测试技术技能。

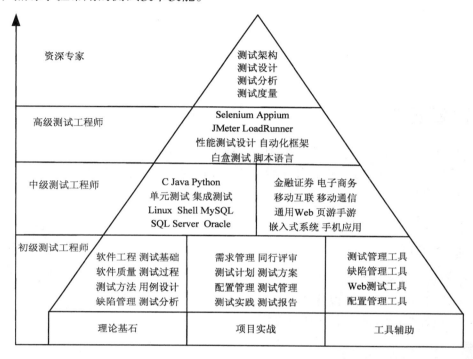

图 1-4　软件测试学习路线图

2．中级测试工程师

经过初级测试工程师相关技能的学习，测试从业者可学习更专业的测试技术技能，如学习一些常用编程语言，有利于测试分析及后期的自动化及性能测试，同时测试思路从黑盒测试渐渐转变为同时关注被测对象的内外部质量表现。通过一定的项目积累，在特定业务领域内有一些技术、业务经验沉淀。

3．高级测试工程师

在高级测试阶段，测试工程师可以学习自动化、性能测试及白盒测试，测试技能从单一的手工测试转变为自动化测试，测试方法从基于规格的黑盒测试方法转变为基于设计的白盒测试方法，关注被测对象内部质量、外部质量、使用质量及过程质量，全面衡量软件质量。

4．资深专家

资深专家级的测试工程师更多关注于测试架构及测试度量工作，偏向于技术及业务设计管理方向。

上述学习过程，初级、中级、高级测试工程师相关技能可在短时间内掌握，而资深专家级的相关技能往往需要 3～5 年，甚至更久的时间。前提是测试从业人员勤于学习，善于学习。需注意的是，任何级别的测试工程师均需做好基础测试工作，才能有好的理论实践基础，才能进阶高级别的职位。

第 ❷ 章　软件生命周期概述

我国科技的自立自强

本章要点

阐述软件基本概念、软件生命周期理论，通过对软件生命周期每个阶段的详细介绍，使读者对软件研发过程有初步了解，便于后续专业知识的学习。以理论为主，案例为辅，加深对软件生命周期的理解。

学习目标

1. 掌握软件基本概念。
2. 了解软件生命周期阶段分类。
3. 了解软件需求来源途径（服务意识）。

2.1　软件基本概念

软件（SoftWare）是指一系列按照某种特定规则组织在一起，实现用户需求的计算机数据和指令的集合体。从狭义理解即运行在计算机、手机、移动终端设备等电子产品上的应用程序，都称为软件。从广义理解，软件不仅仅包含实现用户需求的源代码（计算机数据、指令），还包含与之相匹配的数据文档、支撑源代码运行的配置数据。三者构成一个完整的软件

微课 2.1　软件基本概念

实体。例如，一个地图软件，包含可执行程序、地图使用说明书、驱动数据包（不同地区的不同数据包）。图 2-1 所示是读者常用的 QQ 聊天软件应用界面，使用时可下载其安装程序，并可在线获得其具体使用方法。

图 2-1　QQ 程序应用界面

在国家软件标准中，软件的定义如下。

与计算机系统操作有关的计算机程序、规程、规则，以及可能有的文件、文档及数据。其他定义如下。

（1）运行时，能够提供所要求功能和性能的指令或计算机程序集合。

（2）程序能够满意地处理信息的数据结构。

（3）描述程序功能需求以及程序如何操作和使用所要求的文档。

简单而言，软件即是源代码、文档、配置数据的集合体。

对于软件测试工作而言，既然测试对象是软件，那么实现用户需求的源代码、文档、配置数据（驱动接口数据）都作为测试对象，不能认为测试对象仅是源代码。

软件是个逻辑概念，不能以实体展示，仅能通过运行活动展示其所具有的功能及性能表现，软件不像硬件产生损耗，软件亦不存在消亡之说，软件往往最后的终点是升级改造。

2.2　软件生命周期

软件生产行业在几十年的研发活动中，积累了大量的经验，总结出软件的生命周期流程，指导软件生产企业遵循规范的生产流程设计开发软件系统。一般而言，软件从设计、研发到销售使用，主要经历图 2-2 所示的几个周期。

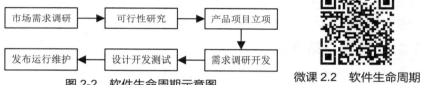

图 2-2　软件生命周期示意图

微课 2.2　软件生命周期

2.2.1　市场需求调研

目前软件研发需求来源主要有两种渠道：一是软件公司主动挖掘市场需求，从而开发出解决大众需求的软件系统，据此需求来源所研发的软件一般称为产品，从用户角度而言，需求由软件公司提出，用户被动接收，属于被动模式；另一种则是由用户主动提出需求，由软件公司负责设计开发，一般称为项目，从用户角度而言，需求由用户主动提出来，属于主动模式。

软件产品开发往往没有明确的需求提出者或者最终客户。需求由软件公司市场人员根据社会用户的需求来确定软件需求。例如，某公司市场人员觉得目前做手机游戏利润比较高，则可能发起某项市场调查，看看潜在客户是否有采购意向。这种模式风险较高，用户群不确定，需求通常不够明确，产品开发过程中可能面临着需求频繁变更风险及后期销售不力的情况。产品研发往往是长期的，如腾讯公司的 QQ 产品，已持续生产研发了近 20 年，仍在不断优化改进。

与产品相比，软件项目的研发风险相对小很多。当特定客户因自身需求需要研发某种软件系统时，由软件公司进行设计开发。在这种情况下，对软件公司而言，客户想开发什么，就开发什么，需求往往是明确的，并且项目资金也比较充足，项目失败的风险较小。业务系统基本都以项目方式运作，如银行的柜台交易系统、网上银行系统等。

无论是产品还是项目，经过初步需求沟通后，正常情况下都会有初步需求分析报告。

针对产品，市场人员经过市场调研、分析后输出《×××市场分析报告》，阐述产品功能及市场前景等信息。

针对项目，软件公司与需求提出者初步沟通后，输出《×××系统初步需求预研报告》，便于进行可行性研究。

2.2.2 可行性研究

产品项目可行性研究是以企业研发能力为前提，以投资收益为目的，从技术、成本、管理、风险控制等方面对产品或项目进行全面分析研究的方法，预测其投产后的经济效益，在既定范围内进行方案论证与选择，以便最合理地利用资源，达到预定的社会效益和经济效益。

从软件生产角度来看，可行性研究的重点是解决前期市场调研的产品或项目是否可行，能否在一定的成本压力下，持续地为公司或企业带来适当的利益，无论是社会效益还是经济效益。通常情况下，软件产品成败受 4 个方面的约束：时间（Time）、范围（Scope）、成本（Cost）、风险（Risk）。在可行性研究阶段，如何找出这 4 个方面的平衡点，是需要优先解决的问题。

2.2.3 产品项目立项

经过市场需求调研、可行性研究评审确认可行后，由需求调研人员（市场人员、需求分析人员或客户经理）牵头，进行产品或项目立项活动，构建产品或项目研发小组，制定产品运作计划，如需求开发、系统设计开发、系统测试、软件发布、运行维护等一系列工作的步骤及时间点。产品立项阶段软件研发团队成员包括项目经理、开发经理、研发工程师、测试经理，测试工程师一般后期加入，如到需求评审或系统测试设计时。

2.2.4 需求调研开发

产品或项目立项后，需进行详细的需求调研。需求调研同样有两种模式：主动模式和被动模式。

在主动模式下，软件公司派出需求调研小组与用户直接沟通，获得正确可靠的需求。小组成员一般是客户代表、需求开发者或开发工程师；被动模式由软件公司市场调研人员根据市场产品需求信息分析判断，无明确的需求提出者，得到较为粗泛的需求。

需求调研是整个软件生产活动中最为重要的环节，此环节输出的一切成果都是后续工作的基准。很多公司在需求调研开发阶段会投入较长的时间，花费大量人力、物力，保证需求调研的充分性及正确性。从软件测试角度来说，测试工程师亦需在这个阶段参与进来，测试工程师如能在需求调研开发阶段接触初始需求，对保证整个项目的测试质量具有积极意义。

在需求调研开发阶段，每一个需求都需与客户、市场需求反复验证确认，最终得到规范的需求规格说明书。需求规格说明书（Software Requirements Specification，SRS）作为用户与软件公司双方约定的一个合同制文档，通常情况下从软件系统功能、性能、外部接口等方面阐述用户提出的显性或隐性需求，并以此作为后续软件生产活动的基准输入。故在需求调研、需求开发、需求评审、需求管理环节需花费大量的时间及精力。

2.2.5 设计开发测试

需求调研阶段输出的需求规格说明书，经过评审确定后形成需求基线，由项目组内的开发工程师进行系统设计。如果公司有专门的系统架构师，则由系统架构师从系统可靠性、扩展性、安全性、可维护性等角度进行系统概要设计。系统概要设计活动结束后输出系统概要设计说明书（High Level Design，HLD），评审活动通过后形成概要设计基线，此时可以依据需求规格说明书及概要设计文档进行系统的详细设计、数据库设计等相关事宜。

详细设计说明书,一般由项目组开发工程师进行设计,详细设计(Low Level Design,LLD)有些公司又称为软件设计说明书。

对于比较复杂的软件系统,通常情况下都需要进行详细设计,重点在于阐述系统中各个模块之间的详细关联以及每个模块子程序设计思想。开发工程师通过详细设计方便清晰地理解开发对象的设计思路及编程思路,从而降低编码错误风险。

概要设计、详细设计结束后,按照整体项目实施计划,项目组开发工程师根据各自的编码任务及规范完成相关模块、子系统、软件的编码。

当测试版本交付日期达到后,项目组开发工程师构建测试版本,以便交与测试团队进行测试。根据前期的测试计划,测试团队执行测试用例测试系统的功能、性能。经过多次版本迭代后,完成系统测试,输出系统测试报告。

项目专家团队评审测试部门输出的系统测试报告,如果达到预定义的停测标准,则可结束测试活动,否则持续回归测试,直至达到被测对象出口准则。

2.2.6　发布运行维护

如果研发对象是产品,一般由研发公司择日发布,通常情况下会在网络或媒体上宣传;如果研发对象是项目,则一般由客户确定正式交付日期,客户在接收软件公司提供的软件系统前,通常会进行验收测试,验收通过才正式接受。

项目交付使用后,需根据与客户签订的产品维护协议,制定产品维护流程,当软件系统在使用过程中出现问题时,需及时处理,直到产品废弃或升级,进入新的生命周期。

软件产品使用到一定期限后,可以根据约定进行升级,或者根据客户新需求,再次进行新需求的调研开发,重复上述的项目运作流程。

软件系统正式运行后,如果用户在使用过程中发现了缺陷,研发公司将会提供补丁进行修复,从而保证软件系统正常工作。

【案例 2-1　智能 OA 办公系统研发流程 】

汇智动力公司通过对市场及自身业务的调研发现,云服务、智能办公软件系统的市场前景良好,计划针对全国潜在客户设计智能办公系统,能够在任何时刻、任何地点、任何智能设备上进行日常工作的办公。计划研发该款产品前,该公司组织一些市场调研人员对潜在客户进行市场需求调研分析。根据市场反馈信息了解该产品可能的需求情况,通过细致调研后,市场人员会输出《智能 OA 办公系统市场需求调研报告》。此种需求调研方式称为被动模式,终端用户被动接受需求。

某政府部门通过公开招标,招募能够开发智能 OA 系统的软件公司,如果汇智动力公司中标,则该公司可派出需求调研人员与政府部门相关人员沟通,获取初步需求后输出《汇智动力智能 OA 办公系统初步需求调研报告》,作为后续可行性研究活动的输入。此种方式称为主动模式,由终端用户主动提出开发需求。

当智能 OA 项目需求确定后,汇智动力公司根据初步需求分析其所需的技术范围、成本及可能存在的风险,通过权衡 Time、Scope、Cost、Risk 4 个方面,最终决定可以进行项目开发。在此阶段,项目经理发起可行性研究活动。通过可行性研究后,输出《汇智动力智能 OA 系统研发可行性报告》,根据此研究报告,该公司决策层决定是否承接该项目,当然这个环节可在企业招标前完成。

在确定项目可以承接实施后,该公司根据实际需要成立了"汇智动力智能 OA 项目组"。

项目经理在此环节需输出整个项目计划，研发经理需给出开发计划，测试经理则不一定给出相关计划。

项目组成立后，该公司将派遣相关需求调研人员与客户进行深入沟通，获取最详细的用户需求。最终输出经过用户评审通过的《汇智动力智能 OA 系统需求规格说明书》。

需求规格说明书评审通过后，汇智动力公司进行"汇智动力智能 OA 系统"概要设计及详细设计，并由开发工程师进行项目开发。测试版本生成后，项目组测试团队进行项目测试，几轮迭代达到停测标准后，"汇智动力智能 OA 系统"将根据客户要求部署上线运行。整个研发流程如图 2-3 所示。

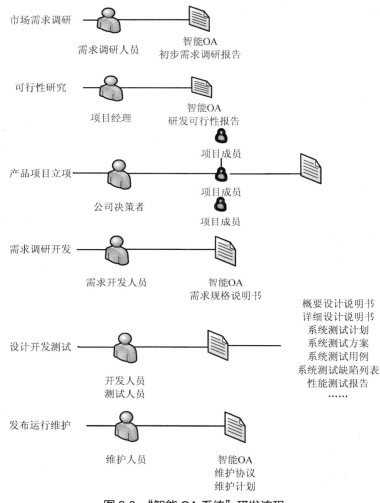

图 2-3 "智能 OA 系统"研发流程

常规项目一般都使用图 2-3 所示的研发流程，共需完成市场需求调研、可行性研究、产品项目立项、需求调研开发、设计开发测试、发布运行维护等几个环节。

实训课题

模拟产品研发项目流程，分组讨论传统研发流程。

第 ❸ 章　团队组织形式

本章要点

本章结合当前 IT 行业软件公司最新构成，介绍自研及外包公司的区别，通过案例分析软件研发团队及测试团队的架构，以期读者对软件研发及测试团队有个总体认识，通过对每个岗位职能及技术构成的分析，使读者深入了解不同岗位在软件研发活动中的作用及任职要求，从而发现自身所需提高的职业素质。

学习目标

1. 了解自研及外包公司的区别。
2. 了解研发团队人员构成及技术构成（团队意识）。
3. 理解软件测试团队构成及技术构成。

3.1　软件公司业务形式

随着 IT 行业飞速发展，社会分工愈加细致，软件公司的业务形式也发生了极大的变化，从早期的自研产品到后期的项目提供，再到现今的技术外包，经历了较大的变化。

微课 3.1　软件公司
业务形式

3.1.1　自研公司

自研公司通常有自己的研发产品，具有比较强的业务实力及资本储备，拥有核心产品竞争力，团队建设及管理更趋规范化。典型的公司如华为、大疆等。

3.1.2　外包公司

自研公司为了达到资源优配，将产品中技术层面的工作分拆出来，交由技术实力强劲的公司实施，这个过程即为外包。

1. 外包方式分类

外包方式主要有合同业务管理方式（Business Medium Consumer，BMC）和委托方式。

（1）合同业务管理方式

合同业务管理是一种外包方购买第三方服务模式，第三方（承包方）负责全部或大部分投资和业务管理工作，并承担投资风险；外包方只根据第三方完成业务的绩效和合同约束购买服务，不用负责第三方的投资风险，合同终止则合作终止。

（2）委托方式

委托方式是一种外包方将业务连带完成业务所需要的设施委托给第三方经营的方式，主要有承包、租赁、特许管理和建设-营运-移交（Build-Operate-Transfer，BOT）特许管理 4 种合作模式。无论采用哪种模式，委托方都承担投资风险，即使是 BOT 特许管理模式，表面上第三方进行投资，实际上这些投资将连本带息以折旧费形式全部计入经营成本，由外包方在特许合同期内全部返还。

① 承包与租赁的共同点是第三方不做资本投资，只承担作业和服务；不同点是，承包管理的企业只承担营运与维护作业及相关服务，而租赁管理的企业除此之外，还承担设施整修任务。

② 特许管理与 BOT 特许管理的共同点是第三方负责投资，这也是这两种模式与承包模式和租赁模式的最大区别；特许管理和 BOT 特许管理的最大区别是特许管理的企业不参与设施建设而 BOT 特许管理的企业负责设施建设；合同期内，BOT 模式中第三方拥有资产所有权（合同终止时所有权移交给委托方），但在特许管理中却不一定拥有。

2．外包业务划分

外包业务以地域划分，又可分为本地化外包及离岸外包。

（1）本地化外包

主要指发包方与承接方属于同一个地理区域，在沟通、合作时间及合作方式上容易掌握，风险相对较低。

（2）离岸外包

大部分是国外与国内的合作业务，与本地化较大的差异在于人力成本、工作时间及方式上的差异。

本地化外包与离岸外包的差异在于，本地化外包更多考虑的是技术、业务层面的投入，而离岸外包更多考虑的是人力成本上的差异。

无论是自研或外包，都是 IT 行业发展中不可缺少的环节，自研与外包结合，资源优势互补，促使行业更加健康快速的发展。

3.2　软件研发团队架构

软件公司因不同的产品或项目线可能存在多个研发团队。早期软件公司可能仅有几个开发工程师，但业务不断发展的公司一般会根据产品或项目质量需求配备相关的角色及人员，保证软件研发活动的高质量实施，从而确保软件产品质量。

微课 3.2　软件研发
团队架构

3.2.1　开发工程师构成

软件公司发展初期，公司开发工程师往往只有几个人，一般由 1～2 名资深程序员，带着 3～4 名初级程序员，从不同的技术需求角度进行配备。随着软件团队发展及开发对象的复杂性增强，软件研发团队中的开发工程师数量及技能要求会发生变化，许多时候会根据项目、产品情况划分为若干项目或产品小组。

在一个研发团队中，通常包含以下角色的人员。

1．研发组长

研发组长一般由具有 3～5 年软件开发经验，并在特定业务领域内有一定特长的人员担任，对软件系统从经验及创造性构建有着不同的理解，其是研发活动的关键性人物。

研发组长的核心工作如下。

（1）定义待开发的软件系统，组织研发团队会议，人员工作安排，绩效考核等。

（2）负责公司产品或项目需求调研、需求分析，设计与规划等，并完成相关文档，协调资源推动产品项目功能实施，跟踪进度。

（3）与相关团队保持有效沟通，提高产品质量。

（4）定期对自身产品及行业、竞争对手等进行数据分析，评估、优化用户体验和功能。

（5）跟进项目开发组对产品开发、及时解释产品功能细节或解决项目组提出的需求疑问。

（6）负责小组内的其他事情，完成经理授权、委托的其他任务。

（7）负责协调测试团队对软件系统开展测试工作。

（8）在部分公司研发组长可能同时担任配置组长的工作。

2. 美工/页面制作人员

通过与客户或产品经理沟通，设计软件产品或项目用户界面，项目初期负责系统 Demo 制作。美工或页面制作人员就像房间装修设计人员，尽可能根据客户需要设计精美易用的软件界面。其常见工作如下。

（1）与产品组长密切合作，与开发工程师沟通，将功能与设计相结合，确保设计的界面具有可用性和吸引力。

（2）将设计页面分解切图，根据界面设计规范编写 HTML、CSS、JS 源代码，形成稳定的静态页面。

（3）跟进项目研发过程，及时解决在研发过程中遇到的页面设计问题。

3. 系统架构师

系统架构师通常是待开发产品的设计规划师，类似房屋的框架设计人员，负责整个房屋结构设计。其核心工作内容如下。

（1）需求分析，确认和评估系统需求。

（2）将需求规格说明书分解为开发需求，细化子项目、子系统、组件和模块，明确各个模块间的逻辑关系，设计系统整体架构及搭建系统实现核心架构。

（3）澄清系统细节、解决主要难点，指导协助开发工程师开展研发活动。

（4）把控项目架构，使设计的项目尽量高效率开发。

（5）培训与指导，架构工程师需要对整个团队进行技术培训，给每个开发工程师有效的指导，避免由于团队成员对系统设计的误解造成项目的延误。

4. 开发工程师

开发工程师，即一般意义上的程序员，像房屋建筑工人，负责实现架构师对系统的设计。其核心工作如下。

（1）负责项目模块的详细设计、编码和内部测试的组织实施。

（2）参与技术可行性分析和需求分析。需熟练掌握公司软件项目的相关软件技术和使用方法。

（3）负责修复测试工程师提出的缺陷。

3.2.2　研发组织结构

研发组织根据角色和职务、职权的不同，一般采用图 3-1 所示的研发组织结构。

一个小型研发团队往往包括一名研发组长或经理，1~2 名美工或页面制作人员，1 名架构师，3～5 名开发工程师。此种类型的研发团队在自研或外包公司都存在。

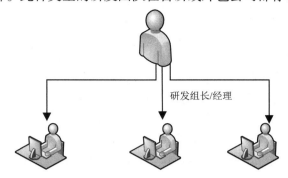

图 3-1　研发团队组织结构示意图

【案例 3-1　汇智动力智能 OA 系统研发团队组织结构图】

"汇智动力智能 OA 系统"研发团队组织结构如图 3-2 所示。

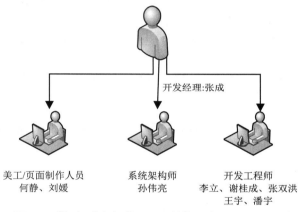

图 3-2　"汇智动力智能 OA 系统"开发团队成员结构图

开发经理张成负责整个项目研发工作的管理，如组织开发工程师设计编写系统代码。

美工/页面制作人员何静、刘媛负责整个系统的界面设计并配合开发、测试工程师及时调整设计过程中出现的错误。

系统架构师孙伟亮负责"汇智动力智能 OA 系统"的整体架构设计，如框架结构、数据字典、数据接口、数据库等，也负责编写部分核心代码。

开发工程师李立、谢桂成、张双洪、王宇、潘宇主要负责编写系统基础代码和缺陷修复工作。

提示："汇智动力智能 OA 系统"研发团队组织结构图中的所有成员名称均为虚构。

微课 3.3　软件测试团队

3.3　软件测试团队

软件测试团队主要负责软件系统的所有测试活动，不同公司测试团队的存在形式可能不一样。通常有以下几种可能。

1. 隶属于研发团队

公司无独立测试团队，测试工程师较少，属于研发团队，研发组长兼任测试管理者，相对来说测试重要性不高。

2. 有独立测试团队

公司成立独立测试团队，测试工程师通常在 5 人以上，有测试组长或经理，隶属于项目经理或研发经理管理。

3. 既有独立团队，又隶属于研发团队

有独立的测试团队，但测试工程师分散到项目组，俗称跟项目。这种情况测试工程师的管理及工作安排基本由研发组长负责。

上述 3 种情况是现在软件企业比较常见的测试团队建设现状。

3.3.1　测试人员构成

从不同的管理角度出发，测试部门人员构成可从这两个方面考虑：角色构成、技术构成。

1. 角色构成

从角色构成角度设计，一般包括以下几种角色：测试主管、测试组长、环境保障人员、配置管理员、测试设计人员、测试工程师等职位。

（1）测试主管

测试主管负责测试部门的日常管理工作，负责部门技术发展、工作规划等，同时其是测试部门与其他部门的接口人，在其他兄弟部门需要测试部门协助或安排测试工作时，需先与测试主管沟通，提出申请。

（2）测试组长

测试组长隶属于测试部门，由测试主管指派。接收到一个项目测试需求后，测试主管会根据项目实际情况，如项目技术要求、业务要求，指派合适的测试工程师担当测试组长角色，由其负责该项目的所有测试工作。有些公司称测试组长为测试经理。

（3）环境保障人员

环境保障人员的作用是维护整个项目系统环境，如硬件配置及软件配置。一般公司不会配备环境保障人员，大多数由测试工程师兼做，也可能有专职的保障人员，但不隶属于测试部门。该角色一般是重叠的。

（4）配置管理员

配置管理（Software Configuration Management，SCM）是软件开发过程中一个极其重要的质量管理环节，可以对需求变更、版本迭代、文档审核起到相当大的作用，因此，稍微正规一些的公司都会配备配置管理员（Configuration Management Officer，CMO）。

（5）测试设计人员

测试设计人员一般由高级测试工程师担当，负责项目测试方法设计，测试用例设计，功能测试，以及性能测试步骤、流程、脚本、场景设计等。很多公司将该角色与测试工程师重叠，不严格区分测试设计人员与测试工程师角色。

（6）测试工程师

测试工程师的实际工作内容大多数是执行测试用例，进行系统功能测试，经过多次版本迭代，完成系统测试。一般由初级测试工程师、中级测试工程师担当。

2．技术构成

如果从测试人员具备的技术角度来考虑，主要包括白盒测试技术人员、黑盒测试技术人员、自动化测试技术人员、项目管理技术人员等。

（1）白盒测试技术人员

该职位需精通软件开发语言，一般需要有几年开发经验，能够进行底层代码评审、测试桩/驱动设计等，能够使用白盒测试工具对系统最小功能单元进行测试，找出代码、系统架构方面的缺陷。

（2）黑盒测试技术人员

黑盒测试技术人员一般要求具有一定的软件工程理论和软件质量保证知识，需要从系统功能实现、需求满足情况监察系统质量，需要掌握基本的软件开发语言、数据库基本知识、操作系统基本知识、测试流程以及相应的工作经验。

（3）自动化测试工程师

自动化测试工程师技能要求较高，需掌握软件开发知识、系统调优技能、接口测试工具（如 JMeter、Postman）、自动化测试工具（如 Selenium、Appium）、性能测试工具（如 LoadRunner、JMeter），同时需要具备相当丰富的工作经验。目前国内这方面的人才比较缺，尤其是移动应用测试人才。

（4）项目管理技术人员

该角色要求掌握一般常用的项目管理知识，如配置管理、版本控制、评审管理、项目实施与进度控制等，不一定具备多强的测试技术，但需要有丰富的项目管理经验以及沟通协调能力，能够保证项目在一个可控的环境下稳定运作。

3.3.2　测试组织结构

测试团队一般采用图 3-3 所示的组织结构，往往一个测试组长或经理带领几个测试工程师，测试组长或经理有时还兼任 SQA 工作。

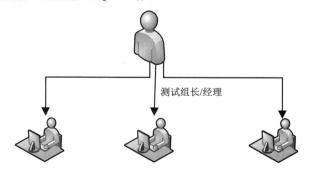

测试组长/经理

测试设计人员1人　　　测试工程师3～5人　　　自动化或性能测试工程师1～2人

图 3-3　测试组织结构示意图

一个小型的软件测试团队在 5 人左右，可根据工作内容及团队技术规划配备不同技术方向的测试工程师。

【案例 3-2　汇智动力智能 OA 系统测试团队组织结构图】

以"汇智动力智能 OA 系统"项目为例，测试团队组织结构如图 3-4 所示。

测试经理李丽负责整个测试团队管理，如测试任务分配，测试计划、测试方案设计等。

测试设计人员由测试经理李丽兼任，负责测试计划、方案、测试流程制定及监督执行。

测试工程师王利昕、刘红艳、张雯、陈玉凯、张道阳负责项目用例设计、评审及执行，执行发现缺陷后需提交缺陷报告，并负责缺陷修复校验工作。

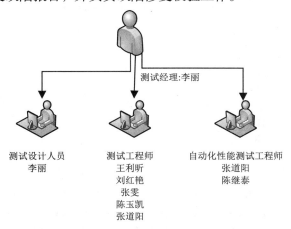

图 3-4　"汇智动力智能 OA 系统"测试团队成员结构图

自动化性能测试工程师张道阳、陈继泰负责"汇智动力智能 OA 系统"自动化测试脚本及性能测试脚本的开发、设计、执行和结果分析等工作。

根据研发团队及测试团队的人员构成，"汇智动力智能 OA 系统"项目组成员结构图如图 3-5 所示。

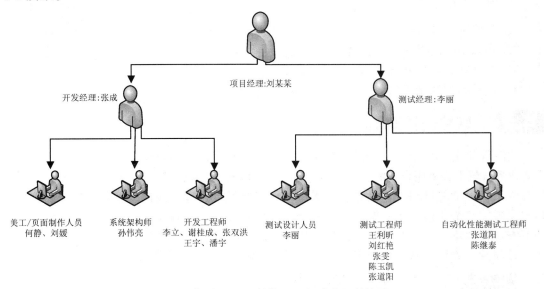

图 3-5　"智能 OA 系统"项目组成人员结构图

实训课题

1. 阐述外包与自研的区别。
2. 阐述研发团队人员构成。
3. 阐述测试团队技术构成。

第 **4** 章　开发与测试模型

本章要点

　　喜欢足球的读者都知道，足球比赛中，教练一般会根据对手的实力排出如"四三三、三五二、四二四"等阵形，为实现赢球的目的，采用不同的攻击、防守阵形。类比到软件研发亦是一样，为了实现软件系统，研发团队根据不同的软件背景及实现要求，采用不同的研发及测试模型。本章重点介绍了研发流程中常用的研发模型及测试模型。针对测试人员，通过对 V 模型、W 模型、X 模型、H 模型及敏捷模型的分析，加强测试工程师在实际测试工作过程中模型的选择及应用能力。

学习目标

1. 掌握常见软件研发模型。
2. 熟悉不同研发模型各自优缺点。
3. 掌握常见软件测试模型。
4. 熟悉不同测试模型各自优缺点（学无止境）。

践行"终身学习"

4.1　软件研发模型

　　软件研发模型是软件生产过程中分析、设计、研发活动所遵循的框架模式。不同项目团队在不同业务背景下，采用合适的研发模型将会提高软件研发效率，降低研发成本，提高产品质量。

　　一个常见的软件研发活动包括需求分析、概要设计、详细设计、编码、集成联调等多个环节，依据某个研发模型框架，定义每个活动可度量的输入/输出，项目团队应关注到研发活动可能存在的错误，及时调整、优化，从而保证产品或项目的研发成功率。

　　目前较为流行的研发模型主要有瀑布模型、原型模型、螺旋模型、RUP 模型和敏捷模型。

微课 4.1　软件研发模型-
瀑布模型

4.1.1　瀑布模型

　　1970 年，温斯顿·罗伊斯（Winston Royce）提出了著名的"瀑布模型"，到了 20 世纪 80 年代早期，它成为唯一被广泛采用的软件开发模型。

　　瀑布模型将软件生命周期划分为计划、需求分析、设计、编码、测试和运行维护这 6 个基本活动阶段，规定了它们自上而下、相互衔接的固定次序，如同瀑布流水，逐级下落，如图 4-1 所示。

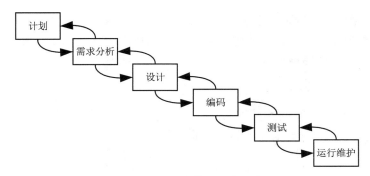

图 4-1 瀑布模型示意图

瀑布模型中，软件开发的各项活动严格按照线性方式进行。上一项活动的工作输出，作为当前研发活动的输入，当前活动的工作输出需要进行验证，如果验证通过，则该结果作为下一项活动的输入，继续进行下一项活动，否则返回修改，经过不断的迭代反复，直至项目成功。如果某个环节出现问题又未能及时发现，则很可能导致项目返工严重，从而导致项目的失败。瀑布模型间的耦合度较高，不利于需求频繁变更或需求灵活的项目开发。

瀑布模型过于强调文档的作用，并要求每个阶段都要仔细验证，线性过程太理想化，适用于小规模传统项目业务研发，已不再适合现代的软件开发模式，目前几乎被业界抛弃，其主要问题有以下几个。

（1）各个阶段划分完全固定，阶段之间产生大量文档，极大地增加了工作量。

（2）由于开发模型是线性的，用户只有等到整个过程末期才能见到开发成果，从而增加了开发的风险。

（3）早期错误可能要等到开发后期测试阶段才能发现，进而带来严重的后果。从软件测试角度来看，测试工程师到项目后期才参与，测试介入较晚，人员闲置严重，后续工作跟不上。

瀑布模型曾是一个非常成功的研发模型，随着软件规模、软件复杂度的不断增加，该模型的优点已被缺点渐渐掩盖，不再适用于现在的软件生产活动。

【案例 4-1 信息管理类系统功能构成】

早期软件产品相对来说较为简单，一般仅包含增、删、改、查等基本功能，无太多流程节点设置和权限设计操作，业务复杂度不高，需求变更较少，通常程序代码不超过 5000 行，核心代码较少，因此使用瀑布模型相对较为合适。

例如，图书信息管理系统、学生信息管理系统，项目周期通常为 1~3 个月，功能简单，逻辑也不复杂，使用瀑布模型较为合适，可在每个环节都将需求、设计思路文档化，经过评审后再进入下一环节。

4.1.2 原型模型

通常情况下，用户很难将需求表达得既具体又明确，用户与需求开发工程师的知识背景不同。当需求表述错误时，在瀑布模型下往往到后期才能发现。原型模型在很大程度上解决了这个问题。原型模型是在瀑布模型基础上演进的一种较为先进的研发模型。利用该模型，产品设计者实现用户与软件系统的交互，当原型研发生产完成后，由用户根据自身的实际需求对原型进行评价，从而进一步细化待开发软件的需求。

微课 4.2 软件研发模型-
原型模型

原型模型（见图4-2）与瀑布模型相比，更关注用户需求的正确性，在确认用户需求的过程中不断修改调整原型，克服瀑布模型的缺点，减少由于需求调研不充分、需求表述不明确带来的开发风险，提高产品研发成功率。

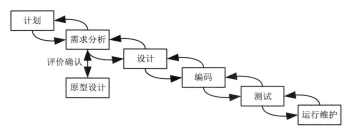

图4-2 原型模型示意图

原型模型的关键在于尽可能快速地建造出系统原型，一旦确定了客户的真正需求，所建造的原型将被丢弃。因此，原型系统内部结构并不重要，重要的是必须迅速建立原型，随之迅速修改原型，反映客户需求。在需求分析阶段经过多次设计修改原型，最终可得到明确的用户需求。

在部分公司中，原型可称为Demo，即演示模型，便于需求调研及软件研发初期的设计。通过原型模型研发的项目，测试工程师在实施测试活动时也可参考Demo，将其作为测试需求的一个输入。

4.1.3 螺旋模型

微课4.3 软件研发模型-螺旋模型

1988年，巴利·玻姆（Barry Boehm）正式发表了软件系统开发的"螺旋模型"，它将瀑布模型和原型模型结合起来，强调了其他模型所忽视的风险分析，特别适合大型复杂软件系统，螺旋模型示意图如图4-3所示。

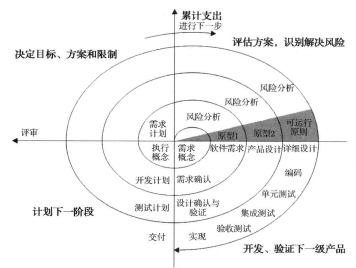

图4-3 螺旋模型示意图

1. 螺旋模型四个象限代表活动

螺旋模型沿着螺线进行若干次迭代，图4-3中的4个象限代表了以下活动。

（1）决定目标、方案和限制：确定本阶段研发目标，选定实施方案，弄清项目开发的限制条件。

（2）评估方案、识别解决风险：分析评估所选方案，考虑如何识别和消除风险。

（3）开发、验证下一级产品：实施本阶段的产品开发和验证。

（4）计划下一阶段：评估本级产品，评价开发工作，提出修正建议，制订下一步计划。

2. 螺旋模型限制条件

螺旋模型由风险分析活动驱动，强调可选方案和约束条件，支持软件重用，有助于将软件质量作为关键目标融入产品开发活动中，充分考虑风险，抗风险能力强。但是，螺旋模型也有一定的限制条件，具体如下。

（1）螺旋模型强调风险分析，但要求许多客户接受和相信这种分析，并做出相关反应是不容易的，因此，这种模型往往适用于内部的大规模软件开发。

（2）如果执行风险分析将大大影响项目的利润，那么进行风险分析毫无意义，因此，螺旋模型只适合于大规模软件项目。

（3）软件开发工程师应该擅长寻找可能的风险，准确地分析风险，否则将会带来更大的风险，因此螺旋模型的成本相对较高，需要专业的风险分析专家参与。

针对螺旋模型，每个阶段开始时首先确定该阶段的目标，完成这些目标的选择方案及其约束条件，然后从风险角度分析方案的开发策略，努力排除各种潜在风险，有时需通过建造原型来完成。如果某些风险不能排除，该方案将立即终止，否则启动下一个开发步骤。最后，评价该阶段的结果并设计下一个阶段。

螺旋模型是多个瀑布模型的并行集合。充分考虑了风险问题，设计了替代方案。

4.1.4 RUP 模型

统一软件开发过程（Rational Unified Process，RUP）是由 Rational 公司开发并维护，与一系列软件开发工具紧密集成，以用例驱动，以体系结构为核心，迭代及增量的软件过程模型。RUP 模型结构如图 4-4 所示。

微课 4.4 软件研发
模型-RUP

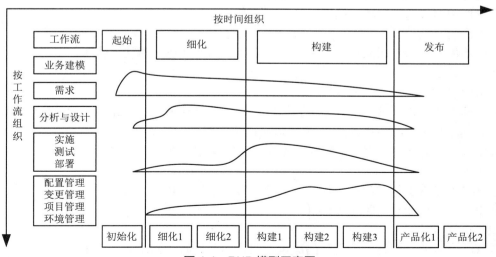

图 4-4 RUP 模型示意图

RUP 为在开发组织中分配任务和职责活动提供了一种规范方法，其目标是确保在可预计的时间安排和预算内开发出满足最终用户需求的高品质的软件。RUP 具有两个轴，一个轴是时间轴，这是动态的。另一个轴是工作流轴，这是静态的。在时间轴上，RUP 划分了 4 个阶段：起始阶段、细化阶段、构建阶段和发布阶段。每个阶段都使用了迭代的概念。在工作流轴上，RUP 设计了 6 个核心工作流程和 4 个核心支撑工作流程，核心工作流轴包括业务建模工作流、需求工作流、分析设计工作流、实现工作流、测试工作流和部署工作流。核心支撑工作流包括环境、项目管理、配置管理、变更管理。

RUP 汇集现代软件开发中多方面的最佳经验，并为适应各种项目及组织的需要提供了灵活的形式。作为一个商业模型，它具有非常详细的过程指导和模板。但由于该模型比较复杂，因此在模型的掌握上需要花费比较大的成本，尤其对项目管理者提出了比较高的要求。

RUP 模型的优点表现在以下几方面。

（1）针对大型复杂的系统，逐步完善，降低了实施复杂度。

（2）用户可在开发早期提出变更并进行修复，从而有效控制变更风险及代价（往往都是局部变更）。

（3）可在早期增强用户的信心。

RUP 模型的缺点表现在以下几方面。

（1）要有专业的架构师，在功能与功能之间联系太过紧密，模块与模块间的耦合度较高时，不使用 RUP 模型。

（2）已经确定了的功能将不允许变更，但由设计引起的内在联系的变更是无法控制的。

微课 4.5　软件研发模型-
敏捷开发

4.1.5　敏捷模型

敏捷开发是一种以人为核心、迭代、循序渐进的开发方法。在敏捷开发中，软件项目的构建被切分成多个子项目，各个子项目的输出都经过测试，具备可集成和可运行的特征。换言之，就是把一个大项目分为多个相互联系、但也可独立运行的小项目，并分别完成，在此过程中软件一直处于可使用状态。

敏捷建模（Agile Modeling，AM）的价值观包括极限编程（Extreme Programming，XP）的 5 个价值观：沟通、简单、反馈、勇气、谦逊。

（1）沟通

建模不但能够促进团队内部开发工程师之间的沟通，还能够促进团队和项目相关人之间的沟通。

（2）简单

画一两张图表来代替几十甚至几百行的代码，通过这种方法，建模成为简化软件和软件（开发）过程的关键。这一点对开发工程师而言非常重要：它简单，容易发现出新的想法，随着开发工程师（对软件）理解的加深，也能够很容易地改进。

（3）反馈

过度自信是编程的职业病，反馈则是其处方。通过图表来交流开发工程师的想法，可以快速获得反馈，并能够按照建议行事。

（4）勇气

勇气非常重要，当开发工程师的决策证明是不合适时，就需要做出重大的决策，放弃或重构开发工程师的工作，修正方向。

（5）谦逊

最优秀的开发工程师都拥有谦逊的美德，他们总能认识到自己并不是无所不知的。事实上，无论是开发工程师还是客户，甚至所有的项目相关人员，都有他们自己的专业领域，都能够为项目做出贡献。一个有效的做法是假设参与项目的每一个人都有相同的价值，都应该被尊重。

敏捷开发是针对传统瀑布开发模式的弊端而产生的一种新的开发模式，目标是提高开发效率和响应能力。除了原则和实践，模式也是很重要的，多研究模式及其应用可以使开发工程师更深层次地理解敏捷开发。

现在很多公司使用了敏捷开发模型，测试工程师应加强该模型的理解及学习，便于在敏捷模型下同样出色地完成相关测试任务。

4.2　软件测试模型

与开发模型一样，软件测试根据不同的测试对象、测试背景可采用不同的测试模型实施测试活动。软件测试模型一般分为 V 模型、W 模型、X 模型、H 模型、敏捷测试等。

微课 4.6　软件测试模型-
V 模型

4.2.1　V 模型

V 模型是所有软件测试模型中最为大家熟知的一种模型。它是从瀑布研发模型演变而来的测试模型，如图 4-5 所示。

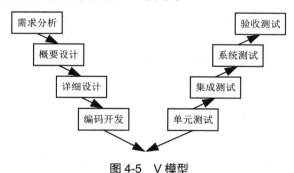

图 4-5　V 模型

V 模型的流程是从上到下、从左到右，软件开发工程师进行需求分析、概要设计、详细设计、编码一系列研发活动后，生成测试版本。

测试工程师则在开发工程师编程过程中，对其生成的函数或类进行单元测试，测试通过后，进行组件集成，实施集成测试，然后模拟终端用户实际业务流程执行系统测试、验收测试。该过程呈线性发展趋势，需求在早期存在缺陷时，可能到最后环节才会发现，并且测试工程师测试活动严重滞后于开发活动。

V 测试模型适用开发周期较短的项目。在瀑布模型流行的年代，V 测试模型发挥了很重要的作用，但随着业务规模的不断扩大，研发模型的不断优化改革，V 模型已渐渐被淘汰。

4.2.2　W 模型

W 模型是在 V 模型的基础上演变而来的，一般又称为双 V 模型。在 V 模型中，研发活动没有完成、无任何输出物时，测试工程师无法

微课 4.7　软件测试模型-
W 模型

开展测试工作，相对而言，测试活动严重滞后。为了解决 V 模型的缺点，W 模型提出了测试活动与研发活动并行的概念，并且在生产流程演进过程中，增加了验证与确认活动，如图4-6所示。

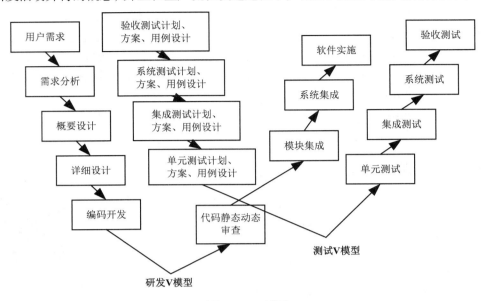

图 4-6 W 模型

从图 4-6 可以看出，从用户需求开始，研发团队根据用户需求进行需求分析、概要设计、详细设计、编码开发等活动，测试团队则根据用户需求进行验收测试、系统测试、集成测试及单元测试设计。测试工作与研发活动分离，实现了并行操作。测试活动伴随着整个研发过程，而不仅在研发有成果输出后才参与。同时，W 模型强调了测试活动不仅仅包括研发活动所产生的软件源代码，还考虑各种文档，如需求文档、概要设计文档、详细设计文档、代码等。

从 W 模型可以看出，完成所有的测试活动，对测试工程师的技能要求超过了开发工程师。因此，规模较大的公司测试团队会有不同职能、技能的测试工程师。

W 模型要求测试活动从用户需求阶段就介入，有利于尽早地发现问题，在模型实施过程中，时刻进行确认（Validation）、验证（Verification）活动。

1．确认

（1）保证所生产的软件可追溯到每一个用户需求。

（2）检测每一阶段的工作产品是否与最初定义的软件需求规格相一致。

2．验证

（1）保证软件正确地实现特定功能。

（2）检测每一阶段形成的工作产品是否与前一阶段定义的规格相一致。

微课 4.8 软件测试模型-
X 模型

W 模型解决了 V 模型开发测试活动串行的问题，但仍然存在测试活动受开发活动的影响，并不能做到真正的测试活动与开发活动分离，互不影响。通过 W 模型，我们可以看到，当开展单元及集成测试活动时，单元、集成测试活动的测试对象仍由研发活动提供，滞后于研发活动。因为仅在开发工程师完成单元、组件代码设计后，才能实施单元、集成测试或接口测试。

4.2.3　X 模型

X 模型产生的背景亦与 V 模型有关，V 模型的缺点是测试活动滞后于研发活动，无法尽早地开展测试活动。而 X 模型与 W 模型一样，提出的初衷都是解决 V 模型的缺点。X 模型如图 4-7 所示。

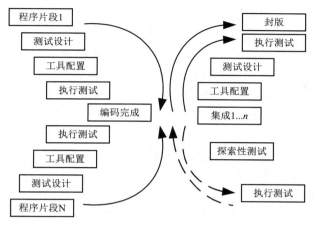

图 4-7　X 模型

X 模型左边表明针对单独的程序片段 *n* 进行独立的编码和测试活动，以此为基本过程，不断迭代，通过集成活动最终成为可执行程序，然后再对这些可执行程序进行测试。通过集成测试的成品可以进行封装并提交给系统测试环节或直接给用户。多条并行的曲线表示变更可以在各个部分发生。

X 模型提出了探索性测试的概念。探索性测试与常规的测试方法不同，无须事先制定测试计划或设计，有经验的测试工程师可根据自己的思维活动及对被测对象的理解，在测试计划之外发现更多的软件错误。但探索性测试通常情况下仅作为其他测试方法的补充，因其消耗测试资源较多，且受制于测试工程师的经验，所以不能成为独立的测试方法。

4.2.4　H 模型

H 模型将测试活动与其他研发流程独立，测试活动分为测试准备与测试执行两个部分，便于测试设计与测试执行活动定义，如图 4-8 所示。测试准备活动包括测试需求分析、测试计划、测试设计、测试编码和测试验证等，测试执行包括测试运行、测试报告、测试结果分析和确认回归测试等。

微课 4.9　软件测试模型-
H 模型

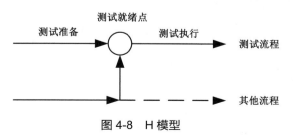

图 4-8　H 模型

H 模型与 W 模型一样，揭示了软件测试活动应该是一个独立的软件生产流程，贯穿整个软件生命周期，测试活动应该尽早准备、尽早执行，当测试准备工作完成后，一旦到达测试就绪点，就可开展测试执行活动，不会受制于研发活动。

4.2.5　敏捷测试模型

微课 4.10　软件测试模型-敏捷测试

其实软件测试中并无敏捷测试模型，为了对应敏捷开发，才提出了敏捷测试的概念。

敏捷开发的最大特点是高度迭代，周期性强，能够及时、持续地响应需求的频繁变更反馈。敏捷测试即是不断修正被测对象的质量指标，正确建立测试策略，确认客户的有效需求得以圆满实现和确保整个生产过程安全、及时地发布最终产品。

敏捷测试工程师在高速迭代、沟通之上的敏捷开发团队中，需要关注需求变更、产品设计、源代码设计。通常情况下，需要全程参与敏捷开发团队的团队讨论评审活动，并参与决策制定等。在独立完成测试设计、测试执行、测试分析输出的同时，关注用户、有效沟通，从而协助敏捷流程推动产品的快速开发。

在传统开发模型下，一个测试版本生成周期可能为几个月，但在敏捷模型中，可能几周一个版本，甚至几天一个测试版本，因此敏捷团队中的测试工程师在技术技能、业务理解、产品设计等方面都需要熟练，否则很难快速高效地完成测试任务，给项目带来风险。

实训课题

1. 阐述常见的软件研发模型及优缺点。
2. 阐述常见的软件测试模型及优缺点。

第 5 章　软件测试基础

本章要点

　　不同公司、不同软件在实际生产活动中会根据项目或产品的实际情况选择恰当的研发模型。在生产过程中，软件测试团队也可根据项目或产品的测试选择不同的测试模型开展测试活动。

　　软件测试活动伴随着软件诞生出现，经过了几十年的发展，软件测试技术方法越来越深入、高效。本章详细介绍软件测试活动中，需掌握的软件测试理论知识。

学习目标

1. 掌握什么是软件测试。
2. 了解软件测试的目的。
3. 掌握缺陷产生原因及缺陷报告形式（风险意识）。
4. 了解缺陷管理流程。
5. 理解软件测试基本原则。
6. 掌握软件测试常见级别。
7. 了解软件测试常见类型。
8. 熟练掌握软件测试常用方法。

5.1　软件测试定义

　　测试，即检测、试验，利用一定的手段，检测被测对象特性表现是否与预期需求一致。对于软件而言，测试是通过人工或者自动的检测方式，检测被测对象是否满足用户要求或弄清楚预期结果与实际结果之间的差异，是为了发现错误而审查软件文档、检查软件数据和执行程序代码的过程。软件测试是质量检测过程，包含了若干测试活动。

　　早些时候，很多人对软件测试的认识仅限于运行软件执行测试，但实际上，软件测试还包括静态测试和验证活动。软件包括实现用户

微课 5.1　软件测试定义

需求的源代码、描述软件功能及性能表现的说明书、支撑软件运行的配置数据，软件测试同样包括了文档及配置数据的测试，而不仅仅是执行软件。

5.2　软件测试目的

实施软件测试的目的通常有以下几个方面。

（1）发现被测对象与用户需求之间的差异，即缺陷。

（2）通过测试活动发现并解决缺陷，增加人们对软件质量的信心。

（3）通过测试活动了解被测对象的质量状况，为决策提供数据依据。

（4）通过测试活动积累经验，预防缺陷出现，降低产品失败风险。

不同测试阶段的测试目的有所差别。需求分析阶段，通过测试评审活动，检查需求文档是否与用户期望一致，主要是检查文档错误（表述错误、业务逻辑错误等），属于静态测试。

软件设计阶段，主要检查系统设计是否满足用户环境需求、软件组织是否合理有效等。

编码开发阶段，通过测试活动，发现软件系统的失效行为，从而修复更多的缺陷。

验收阶段，主要期望通过测试活动检验系统是否满足用户需求，达到可交付标准。

微课 5.2　软件测试目的

运营维护阶段执行测试是为了验证软件变更、补丁修复是否成功及是否引入新的缺陷等。

无论是哪个阶段何种类型的测试，其目的都是通过测试活动，检验被测对象是否与预期一致。测试工程师希望通过测试活动，证明被测对象存在缺陷，开发工程师则希望通过测试证明被测对象无错误。

5.3　软件缺陷定义

在软件测试活动中，作为测试工程师，最重要的工作目标是发现被测对象中以任何形式存在的任何缺陷。那么到底什么是缺陷？为什么测试工程师要竭尽全力找到它们呢？

软件测试活动发展历史中，缺陷最初称为 Bug。Bug 英文原意为臭虫。最初的计算机是由若干庞大复杂的真空管组成，真空管在使用过程中产生了大量的光和热，结果吸引了一只小虫子钻进了计算机的某一支真空管内，导致整个计算机无法正常工作。研究人员经过仔细检查，发现了这只捣蛋的小虫子，并将其从真空管中取出，计算机又恢复正常。为了纪念这一事件，以及方便地表示计算机软硬件系统中隐藏的错误、缺陷、漏洞等问题，Bug 沿用下来，发现虫子（Bug）并进行修复的过程称为调试（DeBug）。

现代软件质量保证活动中，经常会接触这几个概念：错误、Bug、缺陷、失效等。

（1）错误

错误指文档中表述或编写过程中产生的错误现象，静态存在于文档中，一般不会被激发。

（2）Bug

沿用历史含义，Bug 是指存在于程序代码或硬件系统中的错误，通常是由编码或生产活动引入的错误，其既可是静态形式存在，也可在特定诱因下动态存在。

（3）缺陷

缺陷综合了错误、Bug 等相关术语的含义，一切与用户显性或隐性需求不相符的错误，统称为缺陷。错误实现、冗余实现、遗漏实现、不符合用户满意度都属于缺陷。

微课 5.3　软件缺陷定义

（4）失效

失效是因缺陷引发的失效现象，动态存在于软硬件运行活动中。

现代软件测试活动中，更多的团队用缺陷来替代 Bug 一词。

5.4　缺陷产生原因

软件缺陷产生的原因多种多样，一般可能有以下几种原因。

（1）需求表述、理解、编写引起的错误。

（2）系统架构设计引起的错误。

（3）开发过程缺乏有效的沟通及监督，甚至没有沟通或监督。

（4）程序员编程中产生的错误。

（5）软件开发工具本身隐藏的问题。

（6）软件复杂度越来越高。

（7）与用户需求不符，即使软件实现本身无缺陷。

（8）外界应用环境或电磁辐射导致的缺陷。

上述情况都可能产生缺陷，常见的缺陷分为以下 4 种情况。

1. 遗漏

规定或预期的需求未体现在产品中，可能在需求调研或分析阶段未能将用户规格全部分析实现，也可能在后续产品实现阶段，未能全面实现。通俗而言，一是根本没记录需求，需求本身就遗漏了客户的原始需求；二是需求是齐备完整的，但在设计开发阶段，遗漏了某些需求。

【案例 5-1　OA 系统需求遗漏缺陷】

OA 系统需求调研时，用户提出需要实现发文回收功能，发出的通告信息可在对方未查收时撤销，需求开发工程师在需求调研阶段并未记录该需求，从而导致此需求遗漏。

另外一种情况是，需求开发工程师在需求规格说明书中已经详细阐明了需求，但开发工程师在实现时遗漏了。

2. 错误

需求是正确，但在实现阶段未将规格说明正确实现，可能在概要、详细设计时产生了错误，也可能是编码错误，即有此需求，但需求实现与用户期望不一致。例如，排序功能，用户期望的是按价格升序排列，实现时却是降序排列。

【案例 5-2　HTML 代入注入错误】

OA 系统中添加图书类别时，类别名称输入 HTML 代码，系统未做安全性防御，未能屏蔽该代码，从而导致成功添加对应代码功能，如图 5-1 所示。

图 5-1　OA 系统缺陷示例

此处的缺陷是一个典型的功能错误，可定性为安全性缺陷，系统因注入的 HTML 代码而显示出删除操作功能代码。

3．冗余

需求规格说明并未涉及的需求被实现，即用户未提及或无需的需求，在被测对象中得到了实现，如用户未提及查询结果分类显示，但在实际实现中，却以不同类别进行了显示。

一般而言，冗余功能从用户体验角度来看，如果不影响正常的功能使用，则可以保留，除非存在较大应用风险。

4．不满意

除了上述遗漏、错误、冗余 3 种常见缺陷类型外，用户对实现不满意亦可称为缺陷。例如，针对中老年人的系统在设计开发过程中，采用了时尚前卫的界面、细小隽秀的字体，导致终端用户不适应、看不清，这样即使所有需求都得到了正确的实现，但不符合用户使用习惯，也是一种缺陷。

在测试过程中，测试工程师需要时刻记住，功能再完美、界面再漂亮的系统，如果不是用户期望的，则该系统完全无效，所以测试过程中需处处以用户为基准，从需求角度出发。

【案例 5-3　用户体验缺陷】

图 5-2 所示是用户通过"我的办公桌"流程链接跳转后的显示界面，在图中可以看到："请注意查看待办流程：请假申请：[2006-01-01 04:37:37]"显示时出现了不恰当的换行，04:37被错误换行，此种类型的错误即可认为是用户体验方面的缺陷。

图 5-2　用户体验缺陷

5.5　软件缺陷报告

测试活动实施过程中，测试工程师发现缺陷后，需根据企业所定义的缺陷报告格式进行缺陷登记。不同企业因缺陷流程及管理思路不同，可能有不同的缺陷报告形式，但基本都包含以下一些常见关键字段。

1．缺陷 ID

微课 5.4　缺陷产生原因

缺陷 ID 用来唯一标识缺陷，在缺陷管理中，缺陷 ID 不可重复，即使缺陷被删除，ID 也不可复用。缺陷 ID 一般用阿拉伯数字标识即可，如 1、2、3 等。

2. 概要描述

简要描述缺陷的存在形式及表象，通过概要描述，开发工程师能快速理解缺陷产生的现象，推测可能的缺陷诱因，从而提高缺陷处理的效率。例如，商品查询功能查出的商品标题信息显示为乱码。

3. 发现人

缺陷的发现人，由谁发现对应的缺陷。缺陷发现人不一定是测试工程师，可能是开发工程师、维护人员，甚至是客户。

4. 发现时间

缺陷发现时间，记录该时间便于后续的缺陷跟踪，该字段一般由缺陷管理工具自动记录。

5. 修复时间

当缺陷修复时，开发工程师可记录该时间，统计缺陷的生命周期，以验证缺陷跟踪处理周期是否在合理的时间范围内。该字段一般由缺陷管理工具自动记录。

6. 所属版本

发现缺陷时，缺陷所在的版本，记录该字段便于后期统计不同版本的缺陷数量及确定测试版本的发布风险。执行确认与回归测试时，需在缺陷所在版本的下一个衍生版本上进行，即缺陷在 1.0 版本上发现，确认与回归测试活动则不可能开展在 1.0 版本，一般在 1.0 后的版本上进行。

7. 所属模块

缺陷所在的功能或业务模块，便于后期统计每个功能或业务模块的缺陷分布情况，从而利于回归投入确定或研发精力分配。

8. 缺陷状态

缺陷状态是标识缺陷当前所在状态。以惠普（HP）公司研发的测试管理工具 ALM 为例，一般分为"新建（New）""打开（Open）""修复（Fix）""关闭（Close）""重新打开（Reopen）""拒绝（Reject）"这 6 个状态。不同的管理流程可能会有其他的状态，如"延期（Postpone）""重复（Duplicate）"等。

（1）New：缺陷未正式进入缺陷管理流程流转时，都可定义为新建（New）状态，一般新发现、新提交的缺陷为 New。

（2）Open：缺陷经过发现人自检确认为缺陷后，即可进入缺陷管理流程流转，此时缺陷需指派给下一个处理人，其状态一般标识为 Open。

（3）Fix：当开发工程师确认缺陷成立并进行成功修复后，需将缺陷状态标识为 Fix，表示该缺陷已被成功修复，缺陷校验人员可在后续版本中校验。

（4）Close：测试工程师对标识为 Fix 的缺陷开展确认测试活动，当该缺陷经过校验确认被成功修复后，该缺陷状态标识为 Close。一般的缺陷跟踪活动至此结束。

（5）Reopen：在确认测试过程中，当标识为 Fix 的缺陷仍然存在或未能彻底修复好时，缺陷校验人员需将该缺陷置为 Reopen，表明缺陷仍然存在，仍需经过缺陷跟踪流程处理。

（6）Reject：Reject 状态一般由开发工程师使用，当缺陷指派给开发工程师进行确认修复时，开发工程师需确认缺陷，如因需求、设计、功能、业务理解错误而误提缺陷或缺陷无法重现时，开发工程师一般将其置为 Reject 状态，返回至缺陷发现人进行确认处理。

一般而言，缺陷从 New 开始，结束于 Close 状态。

9. 缺陷严重度

缺陷严重度是指缺陷引发不良影响的严重程度，针对缺陷而言，根据其引发后果的风险大小，确定其严重度级别，级别越高，越需尽快尽早处理。

缺陷严重度一般分为 Low、Medium、High、Very High、Urgent 这 5 个级别。

（1）Low：缺陷产生的后果不严重，仅仅是导致用户感觉使用不方便，或者系统展示不够人性化等。例如，系统使用 4 号宋体显示可能更便于信息浏览。易用性方面的缺陷一般可定义为 Low 级别。当然，设计烦琐、使用困难的缺陷级别可能会比较高。

（2）Medium：中级的缺陷，一般为错别字、字体错误、显示错误、子功能实现错误、冗余等。例如，需求规格说明定义用户输入错误时，系统提示"您输入的信息有误，请重试"，在实际实现时系统提示"对不起，输入错误"，此种缺陷一般可定义为 Medium 级别。

（3）High：当缺陷因遗漏、冗余、错误等原因引起，导致当前功能无法正常使用时，即可定义为 High 级别，如查询功能未实现，默认降序功能实现成升序功能。

（4）Very High：当前缺陷引起了子功能无法正常使用，或产生了不可逆转的错误时，即可定义为 Very High，如查询功能错误导致编辑功能失效、编辑后信息丢失。

（5）Urgent：缺陷引发了大面积功能错误、业务中断、流程错误，甚至系统崩溃，产生初始化错误或终止性故障时，即为 Urgent 级别。产生此种级别的缺陷时，测试活动可根据实际情况暂停，版本退回，需开发部门立即修复，重新发起系统测试申请。

不同公司缺陷严重度的定义不同，但大体相同，现有的若干缺陷管理工具默认提供了类似上述的缺陷严重度定义。

10. 修复优先级

该字段由研发团队确定，根据缺陷的严重度，决定缺陷修复的先后次序，原则上修复优先级与缺陷严重度相同。严重度级别越高的缺陷，修复优先级也越高。

11. 下步处理人

下步处理人是当前缺陷下一责任人。当缺陷提出后，根据缺陷跟踪管理流程，需经过若干环节流转，直至该缺陷成功修复。

12. 详细描述

详细描述当前缺陷引发的原因，包括输入、环境、步骤、现象等若干便于描述该缺陷的信息。

13. 附件

当缺陷表述需额外附件的证据信息时，可提交相对应的数据信息，如截图、系统运行日志等。一般缺陷管理工具都有添加附件功能。

缺陷报告示例如表 5-1 所示。

表 5-1　缺陷报告示例

缺陷 ID	1		
概要描述	订单查询功能查询结果日期降序排列显示功能未实现		
发现人	李四	下步处理人	张三
发现时间	2014-4-3 10:43:21	修复时间	2014-4-4 18:12:32
所属版本	OMS1.0	所属模块	订单查询
缺陷状态	Open		
缺陷严重度	High	修复优先级	
详细描述	订单查询功能处，选择起止日期后，查询结果未能以日期降序形式显示		

测试管理工具 ALM 中新增缺陷报告示例如图 5-3 所示。

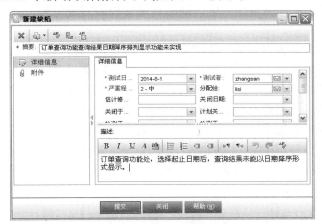

图 5-3　ALM 新增缺陷报告示例

国产开源项目管理软件禅道添加缺陷界面如图 5-4 所示。

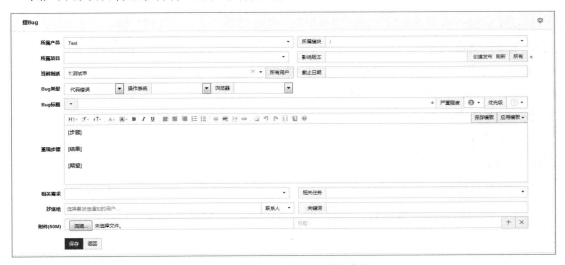

图 5-4　禅道添加缺陷界面示意图

从上面两款具有代表性的项目管理软件可以看出，大部分的缺陷包含字段类似。

微课 5.5 软件缺陷报告

测试工程师编写缺陷报告时，需遵循以下几个原则。

（1）准确（Correct）：每个组成部分描述需准确，不会引起误解。

（2）清晰（Clear）：每个组成部分描述需清晰，易于理解。

（3）简洁（Concise）：只包含必不可少的信息，不包括任何多余的内容。

（4）完整（Complete）：包含复现该缺陷的完整步骤和其他本质信息。

（5）一致（Consistent）：按照一致的格式编写全部缺陷报告。

5.6 缺陷管理流程

实施测试活动过程中，针对缺陷开展有效跟踪管理是测试工程师质量保证活动的重点，因此，在一个成熟的测试团队或组织内，缺陷管理流程的完善与否直接决定测试活动的质量。

缺陷管理流程通常由角色定义、流程定义、工具应用、缺陷分析模型等几个关键因素构成。角色定义表述了在缺陷管理流程中所涉及的若干角色及其职责内容，从而清晰明确定义每个流程节点中

微课 5.6 缺陷管理流程

角色所需完成的事务。流程定义规定了在项目或产品实施测试活动时所需遵循的流程规则。工具应用则从项目或产品规模、团队流程、成本控制、风险防范等多个角度考虑，选择何种缺陷管理工具更能提升测试效果，提高缺陷管理效率。缺陷分析模型是针对缺陷进行综合判断，分析缺陷风险的科学方法，目前业内常用的模型有 ODC、四象限和 Gompertz 等。

5.6.1 角色定义

缺陷管理流程活动一般包括测试工程师、测试负责人、开发负责人、开发工程师和项目经理等若干角色。

1. 测试工程师

测试工程师负责实施测试活动，发现缺陷，及时提交缺陷，确认校验缺陷，实施回归测试。

2. 测试负责人

测试负责人评审缺陷，检查测试工程师新增的缺陷是否符合规范，是否因为不熟悉需求、理解偏差而引起的误提，并负责缺陷产生争议后的协调处理。

3. 开发负责人

开发负责人负责缺陷分配活动，将需修复的缺陷根据缺陷修复任务分配给对应的开发工程师，协调解决争议缺陷。

4. 开发工程师

当缺陷提交给开发工程师后，开发工程师负责缺陷的确认及修复活动。

5. 项目经理

当对提交的缺陷有分歧、被拒绝时，可由项目经理、测试负责人、开发负责人等进行缺陷评审活动，商定问题如何处理，是否保留或当前版本不做处理等结论。

5.6.2　流程定义

不同公司因组织结构不同，所采用的管理流程亦不相同。大部分公司使用流程如图 5-5 所示。

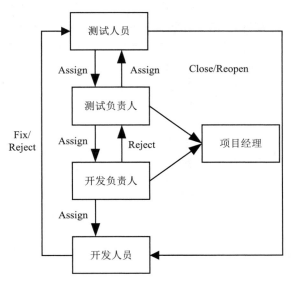

图 5-5　通用缺陷管理流程

注意： *流程中操作关键词以 HP 商用的项目管理工具 ALM 为范例。*

（1）测试工程师或其他人员发现缺陷，经过确认后提交缺陷，缺陷状态设置为"新建（New）"，"指派（Assign）"下步处理人为测试负责人。

（2）测试负责人针对需要自己处理的缺陷进行"评审（Review）"操作。检查测试工程师提交的缺陷是否符合缺陷报告规范，如语言描述是否清晰、问题定位是否准确等，或者判断该问题是否确实是一个缺陷，还是因测试工程师不熟悉需求、理解偏差而引起的误提。如有问题，将该缺陷"指派（Assign）"至测试工程师，让其修改后再提交，此时缺陷状态为"新建（New）"。如无问题，确定是缺陷，则将该缺陷提交给开发负责人，缺陷状态为"打开（Open）"。

（3）如果测试负责人"评审（Review）"后，缺陷"指派（Assign）"至测试工程师处，测试工程师则需再次确认缺陷是否误提，是则"关闭（Close）"缺陷，并注明缺陷关闭原因，否则再次"指派（Assign）"至测试负责人处，缺陷状态为"新建（New）"，并注明原因。测试负责人重复步骤 2。

（4）开发负责人将测试负责人"评审（Review）"后的缺陷根据缺陷修复任务分配给相应的开发工程师，开发负责人一般仅分配缺陷，不再过滤缺陷，此时缺陷状态为"打开（Open）"。

（5）开发工程师根据缺陷描述确认是否是缺陷，如果是，则进行缺陷修复活动，修复完成后，缺陷状态置为"修复（Fix）"，并将对应缺陷"指派（Assign）"至缺陷发现者。如果不是缺陷，则将缺陷状态置为"拒绝（Reject）"，由测试工程师再次确认处理。

（6）测试工程师针对"拒绝（Reject）"的缺陷进行再次确认验证，如果确认缺陷属于误提或不再存在，则可"关闭（Close）"对应缺陷，并注明关闭原因，若确认是缺陷，则需"重新打开（Reopen）"缺陷至开发工程师处，并注明"重新打开（Reopen）"原因。开发工程师重复步骤 5。

（7）当缺陷无法确认或产生争执时，由测试、开发负责人及项目经理评审确认并给出最终处理结果。测试工程师及开发工程师原则上不直接沟通，避免产生无效沟通。一般来讲，缺陷处理是一个循环反复的过程。当出现争议时，必须由项目经理参与缺陷处理活动，而不能由开发组或者测试组单方面决定缺陷的处理方式。

上述流程可根据测试流程及时间进度适当调整，一般适用于 5~10 人的团队，可精简为适合 3~5 人团队的流程，也可细化为适合 10~15 人的中型测试团队。

5.6.3　工具应用

缺陷管理早期最通用的工具是 Excel，简单方便，但随着缺陷管理流程的复杂化，对缺陷管理工具的要求越来越高，一般而言，缺陷管理工具需要具备以下几个特征。

（1）缺陷提交便捷。

（2）可细分角色、权限。

（3）可定制流程。

（4）可进行缺陷数据分析。

（5）支持邮件收发功能。

目前市面上大部分缺陷管理工具都具备上述特征，较为常用的工具有以下几种。

1．开源免费工具

（1）Bugzilla

Bugzilla 起源于 UNIX，后续版本可安装在 Linux、Windows 平台，使用便捷，分析功能、流程定制功能一般。

（2）BugFree

BugFree 借鉴微软公司研发流程和 Bug 管理理念，使用 PHP+MySQL 独立设计的 Bug 管理系统，简单实用。

（3）禅道

禅道是国内一款优秀的项目管理工具，提供了完善的测试工作平台，其中包括缺陷管理功能。目前国内众多软件研发公司在用。

2．商业工具

（1）TestTrack

TestTrack 是 SeaPine 公司生产的软件缺陷管理工具，除了常规缺陷管理功能外，流程定制是其一大特色，甚至优于 HP 的 QualityCenter，是目前业内专业的缺陷跟踪工具之一，支持 B/S 和 C/S 两种架构。

（2）ALM

HP 公司的 ALM 前身是 Quality Center，采用 B/S 结构，可在广泛的应用环境下自动执行软件质量测试和管理，是目前应用较为广泛的商用测试管理工具。

5.6.4　缺陷分析

针对缺陷的关键字段，运用数据分析的统计方法，发掘软件系统的缺陷分布、密度及发展趋势，在此基础上追溯软件生产过程中引发缺陷的根本原因，为软件质量分析提供基础真实的数据依据。

缺陷分析活动中常用的度量字段有严重度、所属模块、产生原因、所属版本、持续周期、缺陷性质等。常用的缺陷分析模型有 ODC、四象限和 Gompertz 等。

1. ODC

ODC 由 IBM 公司推出，将一个缺陷在生命周期各环节的属性组织起来，从单维度、多维度来对缺陷进行分析，从不同角度得到各类缺陷的缺陷密度和缺陷比率，从而积累得到各类缺陷的基线值，用于评估测试活动、指导测试改进和整个研发流程的改进；同时根据各阶段缺陷分布得到缺陷去除过程特征模型，用于对测试活动进行评估和预测。ODC 结构如图 5-6 所示。

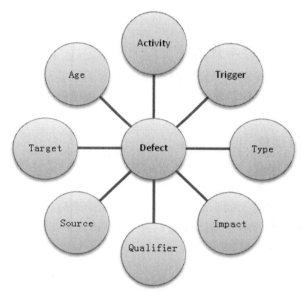

图 5-6　ODC 模型示意图

2. 四象限

根据软件内部各模块、子系统、特性测试所累积时间和缺陷去除情况，与累积时间和缺陷去除情况的基线进行比较，得到各个模块、子系统、特性测试分别位于的区间，从而判断哪些部分测试可以退出，哪些测试还需加强，用于指导测试计划和策略的调整。

3. Gompertz

根据测试的累积投入时间和累积缺陷增长情况，拟合得到符合自己过程能力的缺陷增长 Gompertz 曲线，用来评估软件测试的充分性、预测软件极限缺陷数和退出测试所需时间、作为测试退出的判断依据、指导测试计划和策略的调整。

5.7　软件测试原则

在实施测试活动时，测试工程师需遵循软件测试的基本原则。经过软件工程、软件测试理论几十年的发展与总结，概括出 7 条软件测试基本原则。

5.7.1 测试证明软件存在缺陷

无论何种测试活动，其目的都是为了证明软件存在缺陷。通过测试活动可以减少软件中存在未被发现缺陷的可能性，降低漏测风险，但即使通过测试未能发现任何缺陷，亦不能证明被测对象不存在缺陷。在实际工作中，开发工程师在测试工程师不能发现缺陷后，经常会说被测对象已经没有任何问题了，这种观点是极其错误的。

5.7.2 不可能执行穷尽测试

软件是运行在硬件基础上的逻辑实体，在复杂多变的环境中，任何运行环境发生变化都可能导致缺陷的产生，除了小型系统，利用穷举法进行测试是不可能的。通过风险分析、被测对象测试点优先级分析、软件质量模型及不同测试方法的运用来确定测试关注点，从而替代穷尽测试，提高测试覆盖率。

5.7.3 测试应尽早启动、尽早介入

防患于未然，缺陷越早发现，修复的成本越低。为了尽早发现缺陷，在软件系统生产生命周期中，测试（评审）活动应尽早介入。通常情况下从项目立项开始，每个阶段都进行评审活动。

5.7.4 缺陷存在群集现象

引用经济学中的二八原则，一个软件系统的核心业务及功能往往只占系统的 20%左右，但这 20%模块的缺陷数量可能占了整个系统的 80%左右。测试过程中人力、时间、资源分配比例应根据系统业务功能的优先级匹配，并在测试活动结束后，根据缺陷分布情况再进行调整。在实际测试过程中，不可均分测试资源，需考虑测试投入及风险控制，可使用基于风险或操作剖面的测试策略重点测试。

5.7.5 杀虫剂悖论

害虫经过几轮药物毒杀后，其后代将产生抗体，杀虫剂不再有效。同样的道理，测试用例经过多次迭代测试后，将不能再发现缺陷。为了解决"杀虫剂悖论"，测试用例需定期评审、及时调整，可根据软件质量特性结合被测对象的业务场景，设计新的测试用例来测试，从而发现更多潜在的缺陷。

5.7.6 不同的测试活动依赖于不同的测试背景

不同的测试背景、测试目标，需开展不同的测试活动。例如，电子商务业务系统与金融证券产品的测试方法可能不一样，安全性测试与兼容性测试测试方法不一样。针对不同的测试背景，采用恰当高效的测试活动，是实施有效测试活动的一个重要环节。

5.7.7 不存在缺陷的谬论

当被测对象无法满足用户需求时，即使该系统无任何缺陷，也不能称为高质量的软件。不能满足用户期望的系统即是无用系统。系统无用时，发现与修改缺陷是毫无意义的。实施测试活动时，一定要考虑用户背景。一部时尚酷炫的手机操作对于老年人而言可能显得费解，即使功能无任何问题，但解决不了老年人的易学易用性问题。

在实施测试活动时，测试工程师需要时刻关注测试目的及所需遵循的原则，利用测试目的及原则指导测试计划、方案及执行过程，从而提高测试效率。

5.8　软件测试对象

由软件定义得知，源代码、文档及配置数据可能都是测试对象，不同研发阶段的测试对象不尽相同。

微课 5.8　软件测试对象

1．需求调研阶段

在需求调研阶段，原始需求、需求规格，甚至开发需求都可能是测试对象。通过对需求的检查，发现需求正确性、歧义性、完整性、一致性、可验证、可跟踪等方面的问题。

2．产品设计阶段

在产品设计阶段，一般由开发工程师对设计的概要设计说明书、详细设计说明书等设计文档进行检验，发现其设计、逻辑上的错误。

3．编码开发阶段

在编码开发阶段，测试工程师主要进行单元、集成、系统方面的测试。在单元测试阶段，主要对关键函数、类文件进行数据结构、逻辑控制、异常处理等方面的测试。在集成测试阶段，主要测试模块间接口数据传递关系以及模块组合后的整体功能，在系统测试阶段，则测试整个系统相对于用户需求的符合度。

4．验收测试阶段

在验收测试阶段，将对即将发布交付的软件系统、文档及配置数据进行验收性测试，主要关注这些测试对象能否按照预期工作，是否满足用户的期望，建立用户接收的信心。

以"智能 OA 系统"为例，测试对象包括系统代码及其执行后的功能性能表现、《智能 OA 系统需求规格说明书》《智能 OA 系统用户手册》、智能 OA 系统工作流设计控件、表单编辑控件等。

5.9　软件测试级别

微课 5.9　软件测试级别

针对不同研发阶段的测试目的，测试活动分为需求测试、组件/单元测试、集成测试、系统测试、验收测试、Alpha 测试、Beta 测试、UAT 测试等级别。

5.9.1　需求测试

软件测试双 V 模型要求测试工程师在需求阶段就开始制定系统测试计划，考虑系统测试方法，但这还不够。全面的质量管理要求在每个阶段都要进行验证和确认的活动。因此在需求阶段，测试工程师还需对需求本身进行测试。这个测试是必要的，因为在许多失败的项目中，70%～85%的返工是由于需求方面的错误所导致。因需求错误导致大量返工，造成进度延迟，缺陷发散甚至项目失败，这是一件极其痛苦的事情。因此测试工程师需在软件生产源头——需求就开始测试。

需求测试（Requirement Test）的重点是检查需求规格说明书中是否存在描述不准确、定义模糊、需求用例不正确、语言存在二义性等问题。主要从以下几个方面考虑。

1．完整性

每一项需求都必须将所要实现的功能描述清楚，为开发工程师设计和实现这些功能提供所有必要的需求依据。

2．正确性

每一项需求都必须准确地陈述其要开发的功能。

3．一致性

一致性是指与其他软件需求或高层（系统、业务）需求不相矛盾，或者与项目宣传资料一致。

4．可行性

每一项需求都必须是在已知系统和环境的权能和限制范围内可以实施的。

5．无二义性

对所有需求说明书的读者都只能有一个明确统一的解释，由于自然语言极易导致二义性，所以尽量把每项需求用简洁明了的用户语言表达出来。

6．健壮性

需求说明中是否对可能出现的异常进行了分析，并且对这些异常进行了容错处理。

7．必要性

必要性可理解为每项需求都是用来授权编写文档的"根源"。要使每项需求都能回溯至某项客户的输入，如需求用例或其他来源。

8．可测试性

每项需求都能通过设计测试用例或其他的验证方法来进行测试。

9．可修改性

每项需求只应在软件需求规格说明书中出现一次。这样更改时易于保持一致性。另外，使用目录表、索引和相互参照列表方法将使软件需求规格说明书更容易修改。

5.9.2　组件/单元测试

软件系统中，系统对象的基本组成单元称为组件或程序单元。程序代码中的函数或者类称为"单元"，或者实现某个独立需求的功能模块，称为组件/单元。组件可能由多个单元组成。

组件/单元测试（Unit Test）是针对软件基本组成单元（软件设计的最小单位）来进行正确性检验的测试工作，其目的是检测被测组件/单元与详细设计说明书的符合程度。通过组件/单元测试活动验证被测对象的功能特性或非功能特性，发现其可能存在的内存泄露、算法冗余、分支覆盖率低、循环调用效率低等问题，此类缺陷在系统测试层面很难发现。因此，组件/单元测试能够尽早地发现缺陷，修复缺陷成本相对较低。

组件/单元测试一般由开发工程师负责，成本较高。在敏捷研发模型中，测试工程师也可能需要实施此测试活动。组件/单元测试活动亦可以使用自动化测试方法。

组件/单元测试活动依据包括组件/单元需求说明、详细设计文档、被测代码、编程规范等，典型的测试对象一般有组件、函数、类、数据转换/移植程序、数据库模型、关键字典等，关注被测对象内部数据结构、逻辑控制、异常处理等实现的正确性。

【**案例 5-4**　计算器单元测试】

一个计算器软件具有加、减、乘、除 4 种基本功能，对其实现单元测试，利用 Junit 单元测试工具实施如下。

计算器功能代码如下。

```
package com.test.junit3;
public class Calculator {
    public static void main(String[] agrs)
    {
    }
    public int add(int a,int b)
    {
        return a + b;
    }
    public int minus(int a,int b)
    {
        return a - b;
    }
    public int multi(int a,int b)
    {
        return a * b;
    }
    public int divd(int a,int b) throws Exception
    {
        if(b==0)
        {
            throw new Exception("除数不能为 0!");
        }
        return a - b;//为了演示效果，此处构造错误的除法算法
    }
}
```

单元测试代码如下。

```
package com.test.junit3;
import junit.framework.Assert;
import junit.framework.TestCase;
publicclass CalculatorTest extends TestCase{
    publicvoid testAdd()
    {
        Calculator cal=newCalculator();
```

```
        int result=cal.add(1, 2);
        Assert.assertEquals(3, result);
    }
    publicvoid testMinus()
    {
        Calculator cal=newCalculator();
        int result=cal.minus(1, 2);
        Assert.assertEquals(-1, result);
    }
    publicvoidtestMulti()
    {
        Calculator cal=newCalculator();
        int result=cal.multi(1, 2);
        Assert.assertEquals(2, result);
    }
    publicvoid testDivd() throws Exception
    {
        Calculator cal=newCalculator();
        int result=cal.divd(4, 1);
        Assert.assertEquals(4, result);
    }
}
```

测试结果如图 5-7 所示。

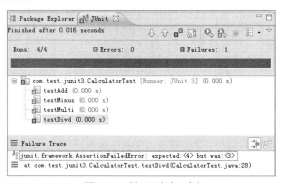

图 5-7　单元测试示例

从上述案例可以看出，除法功能测试失败，期望结果是 4，但实际结果为 3，查看代码，原因是除法功能代码错误，"a/b"错误写成"a-b"。执行单元测试时，仅关注每个函数或类单元的输入输出，根据预期结果与实际结果的对比，判断被测对象的正确与否。

5.9.3　集成测试

组件/单元测试通过后的组件或单元，即可进行集成测试。集成测试（Integration Testing）是对组件/单元之间及组件/单元与第三方接口之间进行测试，其目的是验证接口是否与设计相符，是否与需求相符。

集成测试根据被测对象的集成程度，可分为 3 种集成：组件/单元间集成、模块间集成、子系统间集成。集成的规模越大，发现定位缺陷的难度就越大，所以一般根据被测对象的系统结构特性，先从组件/单元间的集成测试开始，使用自底向上或自顶向下渐增式策略实施集成测试活动，大爆炸式集成策略已渐渐被淘汰。

【案例 5-5　计算器集成测试】

案例 5-4 单元测试中的计算器功能，假设加、减、乘、除 4 个功能为独立的类文件，使用集成测试自底向上策略时，首先对各个类进行测试，然后测试主控模块，当除法代码如下时：

```
publicint divd(int a,int b) throws Exception
{

    return a / b;

}
```

在实施集成测试，构造测试输入 a=4，b=0 时，将会抛出异常，如图 5-8 所示。

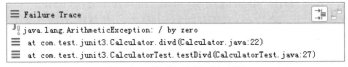

图 5-8　集成测试异常示例

集成测试的目的是检测软件模块对《概要设计说明书》的符合程度，关注于模块间接口和接口数据传递关系，以及模块组合后的整体功能。集成测试实施人员一般是开发工程师，当然也可以是测试工程师，现在不少企业集成测试实现了自动化测试，更聚焦于接口测试。

5.9.4　系统测试

系统测试（System Test）是将通过集成测试的软件，部署到某种较为复杂的计算机用户环境进行测试，这里所说的复杂计算机用户环境，其实就是模拟的用户真实计算机环境。

集成测试阶段大多数情况下，是在一种比较干净的系统中进行测试。所谓的干净，即是在测试机上没有多余的软件，仅有所需的操作系统和被测软件。集成测试完成后，将被测软件置入比较复杂的运行环境下，进行集成和确认测试。在此过程中，往往有很大的收获，例如，进行安装测试时，会发现在集成阶段安装没有问题，但在复杂用户环境下，却不能安装。例如，某公司研发一款财务软件，软件中采用 Excel 2000 版中的某些绘图控件，在集成测试阶段，测试环境中仅安装了该财务软件和 Excel 2000，但系统测试过程中，测试环境可能还安装了其他也需调用 Excel 控件的软件，这时可能会出现控件资源争用错误。

系统测试的目的在于通过与系统的需求定义做比较，发现软件与系统的需求定义不符合或与之矛盾的地方。系统测试阶段主要进行安装卸载测试、兼容性测试、功能确认测试、性能测试、安全性测试等。系统测试阶段采用黑盒测试方法，主要考查被测软件的功能与性能表现。如果软件可以按照用户合理的期望方式工作，即可认为通过系统测试，相反则表现为缺陷。图 5-9 所示是系统测试阶段发现的修改资产类别时，备注信息无法正确读取的缺陷，未能实现用户期望。

系统测试过程其实也是一种配置检查过程，检查在软件生产过程中是否有遗漏的地方，做到查漏补缺，以确保交付产品符合用户质量要求。

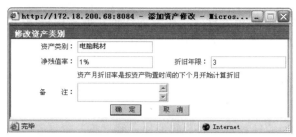

图 5-9　系统测试备注读取错误缺陷示例

　　系统测试通常由独立的测试团队完成，其测试依据一般包括需求规格说明书、需求用例、功能规格说明、功能需求列表、风险分析报告等，以需求规格说明书为主。测试对象包括软件系统、用户手册、操作使用说明书、系统配置和配置数据等。

5.9.5　验收测试

　　系统测试完成，在交付用户部署应用前，往往需要进行验收测试。验收测试（Acceptance Test）是以用户为主的测试，验收组应当由项目组成员、用户代表或系统的其他利益相关者等组成，原则上在用户所在地进行，但如经用户同意，也可以在公司内模拟用户环境进行。

　　验收测试根据合同、《需求规格说明书》或《验收测试计划》对成品进行验收测试。在此阶段，发现缺陷并不是其主要目的，期望通过验收测试，使用户建立对即将交付应用的软件系统的信心。

　　对于项目类的软件系统，一般都需要进行验收测试。验收测试通常情况下可有 Alpha 测试、Beta 测试和 UAT 测试等验收测试形式。

5.9.6　Alpha 测试

　　Alpha 测试是由用户在开发环境下进行的测试，也可以是在开发机构内部的用户模拟实际操作环境中进行测试。进行 Alpha 测试时，软件在一个自然设置状态下使用。开发者坐在用户旁，随时记下错误情况和使用问题，Alpha 测试在受控的测试环境下实施，其目的主要是评价软件产品的功能、局域化、可用性、可靠性、性能和技术支持（FLURPS）是否达标。

5.9.7　Beta 测试

　　Beta 测试是由软件的多个用户在一个或多个用户的实际使用环境下进行的测试。与 Alpha 测试不同的是，进行 Beta 测试时，开发者通常不在测试现场。因而，Beta 测试是在开发者无法控制的环境下进行的软件现场应用，测试者发现问题后，统一收集提交至开发工程师进行修复。

5.9.8　UAT 测试

　　测试即用户接受度测试（User Acceptance Test）UAT 一般用于商业用户验证系统的可用性。通常情况下，由采购方组织终端用户或软件利益相关方对被测对象进行选择性功能试用，关注被测对象核心功能的应用表现，从而为接受该软件系统提供数据依据。例如，银行在外包项目交付时，组织部分银行方终端应用人员（如柜台服务人员）进行验收性测试，即为 UAT 测试。

　　UAT 模式测试还有一种可能，就是根据法律法规、行业现行标准进行验收测试。例如，某政府机关采购的环保监控系统，需遵守政府管理需求及环保法规的约定。

5.10 软件测试类型

根据特定的用户需求关注点、测试目标或测试原因，可以采取针对被测对象特定质量特性的测试活动。一般可分为功能测试、性能测试、负载测试、压力测试、容量测试、安全性测试和兼容性测试等。

5.10.1 功能测试

功能测试验证软件在指定条件下使用时，提供满足明确和隐含功能需求的能力情况。对于一个软件系统而言，用户通常期望该系统完成其特定的业务需求，如完成数据检索、注册登录、商品订购等。功能测试即验证软件业务需求实现与否的一项测试活动。

功能测试主要检查被测对象是否存在以下几种错误。

（1）是否有不正确、遗漏或多余的功能。

（2）是否满足用户需求和系统设计的隐藏需求。

（3）是否对输入做出正确的响应，输出结果能否正确展示。

微课 5.10 软件测试类型

【案例 5-6 OA 系统图书类别管理功能测试】

OA 系统图书管理功能中类别管理的功能界面如图 5-10 所示。

图书类别管理

计算机	编辑	删除
计算机软件测试	编辑	删除
test	编辑	删除

图书类别名称(*)： _____ 添 加

图 5-10 图书类别管理

上述图书类别管理功能从功能测试角度来看，存在以下几个缺陷。

（1）从用户隐性需求来看，图书类别名称添加处未能默认以闪烁光标指引。

（2）从界面设计风格来说，红色*号处的括号应以全角模式显示，与后面"："对应。

（3）从输入输出的响应来看，类别名称处不应添加"<input type=button name=test>"类似的 HTML 代码，避免代码上传攻击。

（4）在第二个"计算机软件测试"类别处，单击【删除】链接执行删除操作，出现图 5-11 所示的脚本错误，未对单引号做转义处理，因此功能实现错误。

图 5-11 类别删除错误示例

5.10.2 性能测试

性能测试通过模拟系统运行业务压力和使用场景组合，验证系统性能是否满足预先定义的性能要求。性能测试一般有以下 3 个特点。

1. 主要目的是验证系统是否具有宣称具有的能力

开展性能测试之前，需确定被测系统运行环境以及恰当的测试方法，需有明确的测试计划与目标，根据计划目标，仅验证系统是否具有相应的能力。

2. 需了解测试系统典型场景，并具有确定的性能目标

需了解用户业务行为，从用户使用场景着手，确定测试计划，确立测试目标，而不以优化的思路去测试。

3. 要求在真实的运行环境下执行

要求测试环境尽可能模拟真实的生产环境，测试结果切忌简单对比类推（可根据数据建模分析），不同测试环境得出的测试结果不同，测试结果仅对当前的测试环境、被测对象负责，无法使用类推方法断言被测系统在其他应用环境中能够表现如何。

性能测试关注被测对象的响应速度、并发数、业务成功率及资源占用情况。常用的性能监控指标包括并发数、响应时间、吞吐量、TPS 和硬件资源耗用等。

性能测试活动可从编码阶段开始实施，如某个函数或类的处理性能、某个循环语句的效率。在系统测试层面，可模拟用户真实的业务场景，利用性能测试工具完成测试，如 LoadRunner、JMeter 等。图 5-12、图 5-13 所示是利用 LoadRunner 实施性能测试活动的示意图。

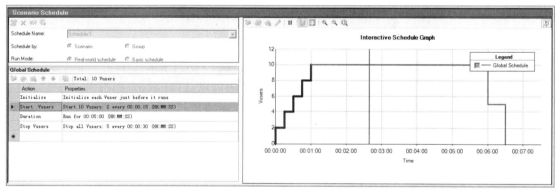

图 5-12　LoadRunner 场景执行计划

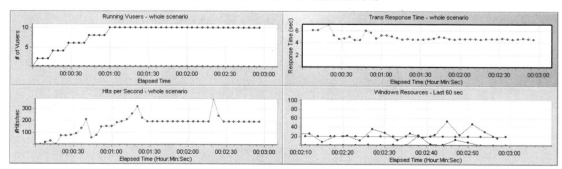

图 5-13　LoadRunner 场景监控界面

5.10.3　负载测试

负载测试是指在超过被测对象标准性能负荷指标下，验证系统的负载承受能力，并要求在超负荷时，被测对象依然能够正常实现业务功能。这种测试类型一般具有以下 3 个特点。

（1）主要目的是找到系统处理能力极限和性能临界点，便于设定阈值。

（2）在超过被测对象性能负荷情况下实施。

（3）一般用来了解系统性能容量，或者配合性能调优来使用。

负载测试是通过不断对被测对象施加负荷，观察被测对象在不同负载下的性能表现。以举重比赛为例，不断增加杠铃的重量，直到超过运动员所能承受的重量，临界点即是运动员可能的最佳举重重量，需要注意的是，负载测试中变化因子是负载（并发用户数、并发请求数等）。

5.10.4　压力测试

压力测试测试被测对象在超过性能指标的饱和状态下，系统处理业务的能力情况，以及系统是否会出现错误。压力测试一般具有以下几个特点。

（1）主要目的是检查被测对象在峰值情况下应用的表现。

（2）一般使用负载测试的思想实施压力测试，持续关注被测对象持续服务的能力。

（3）一般用于系统的稳定性测试。

压力测试关注被测对象在超过性能负荷的情况下，持续提供服务的能力。例如，500 个并发，持续运行 24 小时等。

与负载测试不同，压力测试更强调被测对象在特定负载下持续运行、持续提供稳定服务的能力，更关注于稳定性。例如，在举重比赛中，运动员举起 150kg 的杠铃维持稳定姿势 3s。150kg 的杠铃是负载，而 3s 则是持续的周期，负载测试关注的是不同负载，压力测试关注的是不同周期。

5.10.5　容量测试

容量测试验证被测对象承受超额数据容量时，正确处理业务请求的能力。容量测试是面向数据的，并且它的目的是显示系统可以处理目标内确定的数据容量，如并发用户数、数据库记录、存储文件数等。

对于存储类管理系统，可能需测试数据库记录及文件存储情况，如迅雷、优酷等软件系统。对于交易类系统，可能需要测试并发用户数及数据库记录等容量指标。

容量测试也可作为性能测试的一个考察点，实际上容量测试、负载测试、压力测试都可作为性能测试的测试策略，共同发现被测对象响应速度、资源耗用方面的问题。

5.10.6　安全测试

安全测试验证被测对象的安全保护机制能否在实际应用中保护系统不受非法侵入，用来保证系统本身数据的完整性和保密性。例如，受到恶意攻击时，被测对象的自我保护能力、病毒防护能力、自定义通信协议安全性等。

针对电子商务、金融证券类的系统，安全测试尤为重要，通常从系统登录、用户权限管理、系统数据非法读取、访问请求加密解密、通信协议安全等。

安全测试可使用人工数据验证的方法，也可使用安全测试工具进行，如 APPSCAN、X5S、NBSI 等。图 5-14 所示是 NBSI 网站漏洞扫描工具。

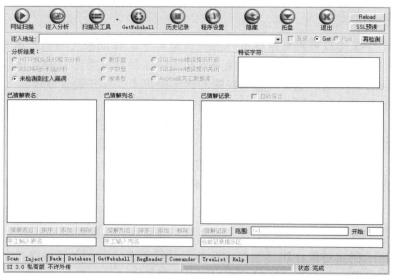

图 5-14　NBSI 网站漏洞扫描工具

5.10.7　兼容性测试

不同的软件设计方法、编程方法和运行环境可能会导致无法兼容的现象，在多用户多平台的应用环境中，可能需要进行兼容测试。

兼容测试验证被测对象与硬件、其他软件之间的兼容情况。对于 Web 类系统而言，兼容性主要考虑不同浏览器、不同分辨率的显示及应用情况。对于 C/S 结构的系统，一般考虑操作系统、配套软件及分辨率等方面的兼容性问题。

5.10.8　可靠性测试

可靠性测试是验证被测对象在规定时间、规定环境条件下，实现规定功能或性能的能力。

测试被测对象的可靠性是指运行应用程序，发现其存在的缺陷或可能引发的失效风险，尽可能在系统部署前发现并修复缺陷，降低失效风险。

可靠性测试主要有组件压力测试、集中压力测试、真实环境测试、随机破坏测试这 4 种方法，衡量可靠性的指标有平均故障间隔时间（Mean Time Between Failare，MTBF）及平均故障修复时间（Mean Time To Repair，MTTR）。MTBF 越长越好，MTTR 越短越好。

5.10.9　可用性测试

ISO/IEC 9126-1 软件质量将可用性定义为"在特定使用情景下，软件产品能够被用户理解、学习、使用，能够吸引用户的能力"。

可用性提出，用户可以在短时间内使用系统完成相关任务；用户学会使用系统后，能够高效率地使用系统；用户在一段时间没有使用系统后，仍然能够使用系统；用户使用系统时能够少出错，系统必须防止灾难性错误发生；用户使用系统主观上感到满意。这些是执行可用性测试的关注点。

可用性测试一般由两类人实施，一是行业或特定领域内的专家；二是合适的软件系统终端用户。实施时，先定义测试对象及测试目标，然后安装测试环境，由合适的测试工程师进行测试和输出测试报告。

5.10.10　移植测试

软件移植性是指软件产品能否顺利地移植到新的硬件或软件平台上，移植之后，软件仍能满足用户需求。

在现有业务系统中，软件应用范围非常广泛，软件可移植性已成为衡量软件产品质量的一个非常重要的指标。例如，现在手机平台上的 App 应用，可能会面临不同的使用环境。不同手机厂商深度定制的系统，如华为鸿蒙（HarmonyOS）、小米 MIUI，App 在设计开发时需考虑移植性。

实施过程中，从适应性、易安装性、共存性、易替换性等方面进行考虑。

5.10.11　维护测试

维护测试是指软件系统在部署运行交付使用后，在实际使用过程中，因改正错误或需求变更而引发的确认验证测试活动。

根据引起软件维护的原因，维护测试可分为 4 种类型：改正性维护测试、移植性维护测试、完善性维护测试、预防性维护测试等。

1．改正性维护测试

软件系统在运行维护过程中，发现了在系统测试过程中未能发现的错误，开发工程师诊断和改正这些隐蔽错误修改软件后，需进行改正性维护测试活动，重点关注缺陷是否已经成功修复并未引发新的问题。

2．移植性维护测试

软件系统因使用环境变化或系统应用扩展，需要从一个平台移植到另一个平台，或者系统数据迁移时，需执行移植性维护测试，重点关注移植后的系统能否仍然满足用户需求。

3．完善性维护测试

软件在使用一段时间后，因扩充和完善原有软件的功能或性能，开发工程师需要修改软件，修改后需要进行完善性维护测试，重点关注新增或变更的功能或性能是否成功实现。

4．预防性维护测试

需要重新构建，或可能存在特定风险时，开发工程师对软件系统进行修改，修改后需进行预防性维护测试，重点关注预定义的扩展或风险防范是否实现。

在维护测试实施过程中，对于未做修改或变更的地方，同样需要进行回归，避免因维护活动带来的风险。执行维护测试的测试工程师需了解需求规格或业务知识，否则测试周期变长、测试效果下降。

5.10.12　确认测试

测试工程师发现缺陷，开发工程师进行修复，生成新的版本时，测试工程师需要确认是否已经成功修复了该缺陷。这个测试过程称为确认测试。

当给定测试周期短或者缺陷严重度较低时，在充分评估测试风险后，可仅执行确认测试。确认测试仅验证修改对象是否已成功修复，不关注该缺陷修改活动衍生问题。

5.10.13　回归测试

回归测试是对已被测试过的程序在修复缺陷后进行的重复测试，目的是验证修复缺陷没有引发新的缺陷或问题。

在修复缺陷过程中，可能因开发修改活动引发新的缺陷，或者导致本可能发生的缺陷被屏蔽掉，增加了风险。回归测试的规模可根据修改缺陷的范围及风险大小来确定。

回归测试策略有完全回归和选择性回归两种。完全回归需执行被测对象的所有用例，不仅仅执行缺陷对应的用例。选择性回归包括基于风险回归、基于操作剖面回归和缺陷覆盖回归。

（1）基于风险回归，是指可根据项目或产品的风险大小，确定回归用例。除了确认缺陷是否成功修复外，还要执行风险较高的用例。

（2）基于操作剖面回归，是指根据项目或产品功能或业务的使用频率确定回归用例，除了确认缺陷是否成功修复外，还要执行使用频率高的功能或业务。

（3）缺陷覆盖回归，仅回归已修复缺陷对应的用例，此种方法适用于经过风险分析后的被测对象。

在实际的回归测试过程中，确认测试与回归测试往往一起执行。

5.11　软件测试方法

微课 5.11　软件测试方法

一般而言，软件测试方法分为黑盒测试、白盒测试、灰盒测试、静态测试、动态测试、手动测试、自动化测试和探索性测试等类型。

5.11.1　黑盒测试

黑盒测试又称功能测试、数据驱动测试或基于需求规格说明书的功能测试。该测试方法验证被测对象使用质量及外部质量表现。

采用黑盒测试方法，测试工程师将测试对象看作一个黑盒子，如图 5-15 所示，完全不考虑程序内部逻辑结构和内部特性，只依据需求规格说明书、设计文档及其他需求描述文档，检查被测对象是否与期望需求一致。

测试用例　　　　　　　　　　　　测试结果

图 5-15　黑盒测试示意图

测试工程师无须了解被测对象的内部构造，完全模拟软件产品的最终用户使用该软件，以用户需求规格说明书为评判标准，检查软件产品是否满足了用户的需求。例如，使用腾讯公司的微信产品，用户无须知道该产品如何开发出来，仅需从使用者角度来使用收发图文信息、商品支付等功能即可。测试过程无须关注微信内部设计信息，所采用的测试方法就是黑盒测试。

黑盒测试方法能更好、更真实地从用户角度来考察被测系统的需求实现情况。在软件测试的各个阶段，如单元测试、集成测试、系统测试及确认测试等阶段中都发挥着重要作用，尤其是在系统测试和确认测试中，其作用是其他测试方法无法取代的。但黑盒测试方法的弊端也很明显，由于仅关注被测对象外部特性表现，对于一些结构性、深层次的问题不易揭露，带来漏测的潜在风险。

需注意的是，黑盒测试方法的思想是将被测对象作为一个黑盒子，在系统测试层面，软件系统是黑盒子，是测试工程师的测试对象。在单元测试、集成测试阶段，如果将函数单元、类文件、接口模块作为一个黑盒子，那么使用的测试方法同样称为黑盒测试，并不能说黑盒测试方法只能用在系统测试和验收测试阶段。

【案例 5-7　OA 系统图书管理功能结构图】

图 5-16　图书管理功能

OA 系统图书管理功能结构如图 5-16 所示。

该功能模块主要包括"图书添加""图书借阅""图书归还""图书类别""查询图书"这 5 大功能。使用黑盒测试方法，从用户应用角度来看，可先以系统管理员身份登录系统测试"图书类别""图书添加"功能，再以普通用户视角进行"图书查询""图书借阅""图书归还"，完全模拟用户使用习惯。

5.11.2　白盒测试

白盒测试，又称结构测试、逻辑驱动测试或基于程序代码内部构成的测试。此时，测试工程师需深入考查程序代码的内部结构、逻辑设计等。同样以微信软件为例，测试工程师需了解微信产品的内部设计信息，如编码形式、类文件调用过程、接口参数传递过程等。白盒测试需要测试工程师具备较深的软件开发功底，熟悉相应的开发语言，一般的测试工程师难以胜任该工作。图 5-17 所示是白盒测试示意图，相对于白盒测试工程师来说，软件产品内部构成是透明的。

图 5-17　白盒测试示意图

【案例 5-8　图书添加功能页面对象检查功能】

下列代码是"图书添加"功能页面对象检查功能函数。从白盒测试角度而言，测试工程师仅需关注此段函数所能实现的功能，无须关注该函数的外部功能特性。

```
function findObj(theObj, theDoc)
{
var p, i, foundObj;
if(!theDoc) theDoc = document;
if( (p = theObj.indexOf("?")) > 0 && parent.frames.length)
  {
theDoc = parent.frames[theObj.substring(p+1)].document;
theObj = theObj.substring(0,p);
  }
if(!(foundObj = theDoc[theObj]) && theDoc.all) foundObj = theDoc.all[theObj];
for (i=0; !foundObj && i < theDoc.forms.length; i++)
foundObj = theDoc.forms[i][theObj];
for(i=0;!foundObj&&theDoc.layers&&i<theDoc.layers.length; i++)
foundObj = findObj(theObj,theDoc.layers[i].document);
if(!foundObj&&document.getElementById)foundObj=document.getElementById(theObj);
return foundObj;
  }
```

5.11.3　灰盒测试

与前面的黑盒测试、白盒测试相比，灰盒测试介于两者之间。黑盒测试仅关注被测对象的外部特性（功能、性能、用户界面、接口）表现，不关注内部的逻辑设计、构成情况，白盒测试则仅从程序代码的内部构成考虑，检查其内部代码设计结构、方法调用等。两种方法从相反角度测试被测对象，但相对来说都比较"偏激"，灰盒测试则结合这两种测试方法，一方面需要考虑被测对象的外部特性表现，另一方面又需要考虑程序代码的内部结构，如图 5-18 所示。通俗来说，灰盒测试就是白加黑，性能测试和自动化测试就采用了灰盒测试的方法。

图 5-18　灰盒测试示意图

5.11.4　静态测试

静态测试顾名思义，就是不执行被测对象程序代码、不运行被测对象而实施的测试活动，是发现缺陷的过程。静态测试包含阅读程序代码、文档资料等，与需求规格说明书进行比较，找出被测对象设计、描述、编码等方面的错误。

进行程序代码静态测试时，可采用一些代码走查工具，如 QA C++、C++Test 等。需要注意的是，代码走查工具一般仅能发现语法或调用效率方面的问题，很难发现业务逻辑错误。

以白盒测试静态测试方法为例，针对一些功能函数、类等文件，可进行阅读、分析，发现被测对象中的缺陷。

【案例 5-9　QTP 登录功能代码】

以下是自动化测试工具 QTP 实施登录功能的测试代码，在执行该代码前，可通过阅读分析方法检查测试代码是否存在缺陷，或者利用 QTP 自带的语法检查功能，检查其是否存在语法错误，下列代码出现了变量定义错误（$i=1$ 使用未定义变量）及业务逻辑判断错误（判定是否登录成功），此种测试方法即属于静态测试。

```
Option Explicit
Dim absx,absy
Dim logintitle
Dim agentnamevalue,passwordvalue
Dim anfocus,pwfocus
Dim agentname,password
Dim casecount
Dim currentid
Dim expectvalue,actualvalue
datatable.ImportSheet"D:\FlightLogin.xls","LoginCase","Action1"
'显示位置正确性测试
absx=dialog("Login").GetROProperty("abs_x")
absy=dialog("Login").GetROProperty("abs_y")
If absx=480 and absy=298 Then
    reporter.ReportEvent micPass,"显示位置正确性测试","窗口显示位置正确"
```

```
    else
        reporter.ReportEvent micFail,"显示位置正确性测试","窗口显示位置错误"
    End If
    '窗口标题正确性测试
    logintitle=dialog("Login").GetROProperty("text")
    If logintitle="Login" Then
        reporter.ReportEvent micPass,"窗口标题测试","窗口标题正确"
    else
        reporter.ReportEvent micFail,"窗口标题测试","窗口标题错误，显示为"&logintitle
    End If
    '文字显示正确性测试
    agentnamevalue=dialog("Login").Static("AgentName").GetROProperty("text")
    passwordvalue=dialog("Login").Static("Password").GetROProperty("text")
    Ifagentnamevalue="AgentName:"andpasswordvalue="Password:" Then
        reporter.ReportEvent micPass,"文字显示正确性测试","显示正确"
    else
        reporter.ReportEvent micFail,"文字显示正确性测试","文字显示错误，显示为
"&agentnamevalue&","&passwordvalue
    End If
    '默认光标指引正确性测试
    anfocus=dialog("Login").WinEdit("AgentName:").GetROProperty("focused")
    pwfocus=dialog("Login").WinEdit("Password:").GetRO
    Property("focused")
    If anfocus and not pwfocus Then
        reporter.ReportEvent micPass,"默认光标指引正确性测试","光标显示正确"
    else
        reporter.ReportEvent micFail,"默认光标指引正确性测试","光标显示错误"
    End If
    '登录功能测试
    casecount=datatable.GetSheet("Action1").GetRowCount
    For i=1 to casecount
        agentname=datatable("AgentName","Action1")
        password=datatable("Password","Action1")
        Dialog("Login").WinEdit("Agent Name:").Set agentname
        Dialog("Login").WinEdit("Password:").Set password
        Dialog("Login").WinButton("OK").Click
        IfDialog("Login").Dialog("Flight Reservations").Exist(3) Then
            expectvalue=datatable("ExpectValue","Action1")
            actualvalue=dialog("Login").Dialog("Flight
Reservations").Static("loginmsg").GetROProperty("text")
            If expectvalue=actualvalue Then
```

```
            reporter.ReportEvent micPass,"登录功能测试","提示信息一致，测试通过"
            datatable("TestResult","Action1")="Pass"
        else
            reporter.ReportEvent micFail,"登录功能测试","提示信息不一致，测试失败"
            datatable("TestResult","Action1")="Fail"
datatable("ActualValue","Action1")=actualvalue
        End If
dialog("Login").Dialog("FlightReservations").WinButton ("确定").Click
    else
        If Window("Flight Reservation").Exist(3) Then
 currentid=datatable.GetSheet("Action1").GetCurrentRow
        If  currentid=casecount Then
            reporter.ReportEvent micPass,"登录功能测试","登录成功"
            datatable("TestResult","Action1")="Pass"
        else
            reporter.ReportEvent micFail,"登录功能测试","登录失败，测试用例
编号为:"&currentid
            datatable("TestResult","Action1")="Fail"
        End If
        End If
    End If
datatable.GetSheet("Action1").SetNextRow
Next
Window("Flight Reservation").Close
```

5.11.5 动态测试

动态测试运行被测对象的程序代码，执行测试用例，检查系统软件运行结果与预期结果的差异。通过动态行为分析被测对象的正确性、可靠性和有效性，并分析系统运行速度、系统资源耗用等性能状况。

动态测试由 4 部分组成：设计测试用例、评审测试用例、执行测试用例、输出测试报告。

5.11.6 手工测试

通过模拟终端用户的业务流程应用软件系统，检查被测对象实际表现与预期结果间的差异，测试工程师手工运行被测对象，这种模式即为手工测试。手工测试是最传统的测试方法，也是现在大多数公司普遍采用的测试形式。测试工程师设计、执行测试用例，比较实际结果与预期结果，记录两者的差异，最终输出缺陷报告和测试报告。手工测试方法可以充分发挥测试工程师的主观能动性，将其智力活动体现于测试工作中，能发现很多的缺陷，但该测试方法有一定的局限性与单调枯燥性。当测试周期变长，业务重复性较大时，手工测试容易变得枯燥乏味。

5.11.7 自动化测试

随着软件行业的不断发展，软件测试技术也在不断地更新，出现了众多的自动化功能测

试工具，如 HP 的 Quick Test Professional（最新版本名为 UFT）及开源的 Selenium（见图 5-19）。性能测试工具如 LoadRunner、JMeter 等。所谓自动化测试，即利用测试工具，编程实现模拟用户业务使用流程的脚本，设定特定的测试场景，自动寻找缺陷。自动化测试的引入，大大地提高了测试效率和准确性，而且封装性较好的测试脚本，还可应用于其他产品项目。业内通常将自动化功能测试称为自动化，而性能测试单独成体系，不含在自动化测试中。

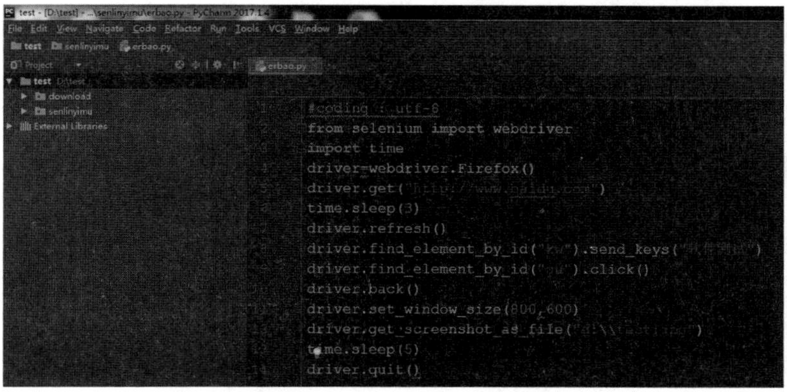

图 5-19　Selenium 工具示例

1．自动化测试优点

自动化测试的优点是快速、可重用，替代人的重复活动。回归测试阶段，可利用自动化测试工具进行，无须大量测试工程师手动重复执行测试用例，极大地提高了工作效率。有时做压力测试，需要几万甚至几十万个用户同时访问某个站点，以保证网站服务器不会出现死机或崩溃现象。一般来说，模拟几万人同时访问某个系统，通过人工很难实现，但利用测试工具，如 LoadRunner，可非常容易地做到。

2．自动化测试缺点

当然，自动化测试的缺点也很明显，它们只能检查一些比较主要的问题，如崩溃、死机，但却无法发现新的错误。另外，在自动测试中编写测试脚本的工作量也很大，有时该工作量甚至超过了手动测试的时间。

在自动化测试活动中，测试工具的应用，可以提高测试质量、测试效率。但在选择和使用测试工具时，也应该看到在测试过程中，并不是所有的测试工具都适合引入，同时，即使有了测试工具，会使用测试工具，也不等于测试工具真正能在测试中发挥作用。因此，应该根据实际情况选择测试工具，选择使用何种测试工具，千万不可为了使用工具而刻意地使用工具。在目前软件系统研发环境下，自动化测试完全替代手工测试是不可能的。

自动化测试不仅仅运用在系统测试层面，在单元测试、集成测试阶段同样可以使用自动化测试方法进行测试。

实训课题

1．阐述软件测试目的。

2．阐述缺陷产生的原因及分类。

3．了解一个完善的缺陷报告包含的关键因素，并搭建 ALM 或禅道测试管理平台，尝试编写缺陷。

第 ⑥ 章 软件测试流程

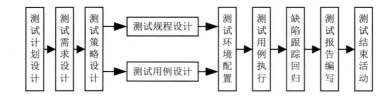

本章要点

本章在前一章研发模型及测试模型的基础上，介绍业内流行的测试工作实施流程，从测试计划开始直到测试活动结束，详细阐述了每个阶段的工作内容，以加强测试工程师理解和执行规范化流程的能力。

学习目标

1. 了解软件测试工作流程。
2. 掌握每个阶段的工作内容。
3. 能够独立复述软件测试流程（统筹规划）。

6.1 测试工作流程

无论在何种测试模型中，测试工作流程基本分为测试计划、测试设计、测试实现和测试执行 4 个阶段。进一步可细分为测试计划与控制、测试分析与设计、测试实现与执行、评估出口准则与报告和测试结束活动（ISTQB 划分方法）。

在实际工作中，可以按照图 6-1 所示流程进行测试。

图 6-1　软件测试工作流程

6.2 测试计划设计

测试计划设计阶段，需根据需求规格说明书、项目或产品实施计划及开发计划，制订测试计划。按照不同的测试阶段，测试计划分为单元测试计划、集成测试计划、系统测试计划、验收测试计划和维护测试计划等。

制定测试计划的主要目的是明确测试对象、确定测试范围、识别测试任务、定义测试目标、定义测试组织、定义风险防范措施、明确通过/失败标准等。

测试计划一般由测试经理、测试主管或项目测试负责人制订，测试组员参与测试计划的制定及评审活动。

一个常见的测试计划包含以下内容。

1．目标

本节描述通过系统测试计划活动需要达到的目标，主要包括以下几点目标。

（1）所有测试需求都已被标识出来。

（2）测试的工作量已被正确估计并合理地分配了人力、物力资源。

（3）测试的进度安排是基于工作量估计的、适用的。

（4）测试启动、停止的准则已被标识。

（5）测试输出的工作产品是已标识的、受控的和适用的。

2．总体概述

（1）项目背景

简要描述项目背景、项目的主要功能特征、体系结构及项目的简要历史等。

（2）适用范围

指明该系统测试计划适用于哪些对象和哪些范围。

3．测试计划

（1）测试资源需求

① 软件资源

在表 6-1 所示的软件资源需求表中列出项目测试过程中所需的软件资源，需列出每项资源的名称、版本及数量。

表 6-1　软件资源需求表

资　　源	描　　述	数　　量

② 硬件资源

在表 6-2 所示的硬件资源需求表中列出项目测试过程中所需的硬件资源，需列出资源名称、型号及数量。

表 6-2　硬件资源需求表

资　　源	描　　述	数　　量

③ 其他设备资源

如有其他设备资源，需再次列出到表 6-3 所示的其他资源需求表中。

表 6-3　其他资源需求表

资　　源	描　　述	数　　量

④ 人员需求

在表 6-4 所示的人员需求表中列出项目测试过程中所需的人力资源，如自动化测试工程师、性能测试工程师、接口测试工程师等，列出具体数量及期望到位时间、工作时长。

表 6-4　人员需求表

资　　源	技能级别	数　　量	到位时间	工作时长

（2）组织形式

列出项目团队组织形式，并说明不同职位职责。

（3）测试对象

列出项目测试对象，具体是哪些业务或者形式，如运行系统，还是代码或文档。

（4）测试通过/失败标准

列出测试通过或失败标准如下。

① 达到 100％需求覆盖。

② 所有 1 级、2 级用例被执行，3 级、4 级用例执行率达到 60％。

③ 测试过程中缺陷率达到公司系统测试质量标准。

（5）测试挂起/恢复条件

列出项目测试挂起/恢复条件如下。

① 基本功能测试不能通过。

② 出现致命问题导致 30％用例被堵塞，测试无法执行下去。

……

（6）测试任务安排

任务 1

① 方法和标准

指明执行该任务时，应采用的方法以及所应遵循的标准。

② 输入/输出

给出该任务所必需的输入及输出。

③ 时间安排

给出任务的起始及持续的时间，为方便文档维护，建议采用相对时间，即任务的起始时间是相对于某一里程碑或阶段的相对时间。

④ 资源

给出任务所需要的人力和物力资源，工作量应明确到"人天"。

⑤ 风险和假设

指明启动该任务应满足的假设以及任务执行可能存在的风险。

⑥ 角色和职责

指明由谁负责该任务的组织和执行，以及谁将担负怎样的职责。

任务 2

……

4．应交付的测试工作产品

本节描述系统测试计划活动中确定的测试完成后应交付的测试文档、测试代码及测试工具等测试工作产品，例如系统测试计划、系统测试方案、系统测试用例、系统测试规程、系统测试日志、系统测试事故报告、系统测试报告等。

5．资源分配

（1）培训需求

如果需技能、工具培训，需列出具体需求。

（2）测试工具开发

如需自研测试工具，则需列出具体需求。

6．附录

7．参考资料清单

测试计划制定过程中参考的文档资料。

6.3 测试需求分析

测试需求分析阶段，需根据测试计划定义的测试范围及测试任务，从需求规格说明书、开发需求、继承性需求、行业竞争分析等需求文档中获取测试需求，确定测试项及测试子项。

需求规格说明书中往往包含功能、性能及外部接口需求，针对特别定义，可能还包括安全性需求、兼容性需求或其他需求。提取测试需求阶段，根据测试范围、测试目标确定测试需求提取的粒度。

测试需求分析阶段得到的测试需求在很多公司通过 Excel 进行管理，也有公司使用需求管理工具进行管理，如 Doors、禅道等。在某些测试管理工具中同样具有测试需求管理功能，如 HP 的 ALM、禅道等。

测试需求分析由测试团队完成，根据测试计划任务分配，测试工程师阅读需求规格说明书，从待测试特性着手，根据功能性、性能、接口、安全性、兼容性等特性分类测试需求。划分测试需求时，需设定测试项及测试子项的优先级。

【案例 6-1　OA 系统图书管理测试需求分析】

针对 OA 系统图书管理功能，测试工程师利用 ALM 实施测试需求分析。

（1）根据需求规格说明书理解图书管理功能基本需求。

（2）测试工程师张三登录 ALM　Platform。

（3）进入图 6-2 所示的"需求"模块。

（4）单击 按钮新建需求，在弹出窗口中输入需求大类名称，如图 6-3 所示。

（5）输入正确的父功能需求名称后，单击"确定"按钮，创建其他父功能需求文件夹。

（6）当所有父功能创建完成后，再创建子功能，选中具体的功能名称，如此处的"类别管理"，单击"需求创建"图标 ，出现图 6-4 所示的"新建需求"窗口。

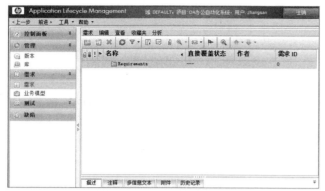

图 6-2　ALM 需求管理　　　　　　　　　　图 6-3　ALM 新建需求文件夹

图 6-4　ALM 新建需求

根据需求规格说明书中对应的功能需求描述，添加相应的需求描述信息。在"需求类型"下拉列表中选择"功能"，表示此需求为功能性需求。所有信息正确填写后单击"提交"按钮完成需求的新建。

（7）根据需求规格说明书中的需求表述，利用 ALM 需求管理模块提取所有需求，如图 6-5 所示。

图 6-5　ALM 需求列表

提取测试需求分析时，可根据软件质量特性划分提取范围，通常以功能、性能、兼容性等几个质量特性对测试需求进行分类。

6.4 测试策略设计

测试策略，即测试方案，根据不同的测试对象及测试范围，为了实现测试计划所定义的测试目标，可能会采用不同的测试策略。

测试计划解决的是做什么的问题，而测试策略是解决怎么做的问题。从文档功能分类来看，测试策略属于技术定义范畴。在测试策略中定义如何实现测试计划中的测试目标及可能运用到的相关技术。

针对不同的测试级别、测试目的，可使用不同的测试策略。例如，进行功能测试时，可使用等价类、边界值、状态迁移、场景用例等方法设计用例；进行性能测试时，可使用正交实验、因果图等方法设计性能场景用例；测试系统集成时，可使用自顶向下的集成测试策略。

测试策略一般由测试工程师设计，测试经理或主管、开发负责人参与测试策略文档的评审。本书重点介绍系统测试方法设计，通常包括以下内容。

1. 目的

描述编写本测试方案的目的，解决什么样的问题。往往与测试计划一样。

2. 读者对象

描述本测试方案的适用对象，一般描述为项目组成员，如 PM、开发工程师、测试人员，甚至包括用户。

3. 项目背景

本次待测项目的背景情况，属于全新项目、升级项目，还是基于何种用户群体等。

4. 测试目标

描述本次测试的目标，完成哪些方面的测试，如被测对象的功能、性能、兼容性、稳定性、安全性等，通常根据需求规格说明书中的质量特性确定。

5. 参考资料

描述测试方案编写过程中的参考资料，一般为需求规格说明书、项目计划、项目研发计划、系统测试计划等。

6. 软件要求

本次测试活动所需的软件环境，如服务器软件、客户端软件、测试工具软件等，需列出对应的版本信息。

7. 硬件要求

列出本次测试活动所需的硬件资源，如服务器硬件配置、客户端硬件配置等。需列出具体型号。

8. 测试手段

描述本次测试所采用的方式，如黑盒测试、白盒测试、接口测试、自动化测试等。测试手段的确定，限定了后续的测试实施。

9．测试数据

测试过程中所用的数据如何制造，数据来源是什么，尤其是可能需要真实用户数据的情况更需说明。

10．测试策略

根据测试手段，确定具体的实施策略。如采用黑盒测试方法，则需说明如何开展黑盒测试，被测对象如何组织才更有效实施测试活动。

11．测试通过准则

与测试计划中的通过准则一致。

12．软件结构介绍

详细描述被测对象的结构情况，便于更细致地确定测试策略。

（1）概述

被测组件的功能、约束、环境、接口等特性的描述。

（2）整体功能模块介绍

被测对象实现的功能表述，来源于用户需求规格说明书。

（3）整体功能模块关系图

被测对象与其他组件的结构关系，是否存在数据耦合。

（4）系统外部接口功能模块关系图

是否存在第三方接口，如支付、第三方登录等。

（5）系统内部接口功能模块关系图

被测对象内部是否存在数据调用、逻辑处理等问题。

（6）系统测试用例

设计被测对象的系统测试用例，通常从功能、UI、性能、安装与卸载、兼容性等角度设计用例，采用的用例设计方法则有等价类、边界值、判定表、状态迁移、流程分析等。

6.5 测试规程设计

在一个测试项目运作过程中，可能需根据项目自身特点制定特定的测试规则，如文档命名规范、缺陷管理流程、测试用例变更控制流程、测试版本转系统测试流程等。所有的流程规则制定都体现在测试规程中。

软件企业通常都有针对本公司的项目运作流程，流程可根据项目的特定情况做合理的裁剪。在测试流程运行过程中，有别于公司测试流程的特定制度都需在测试规程中定义。

测试规程一般情况下不需要额外定义，测试团队遵照测试部门的工作规范即可。仅在被测对象与公司其他项目有很大不同或有特殊性时，才会启动测试规程设计。

测试规程一般由测试经理、测试主管或项目测试负责人编写，交与 SQA、项目经理、开发经理、测试工程师评审，开发工程师及测试工程师执行。

【案例 6-2　OA 系统测试规程】

OA 系统测试活动中可以定义测试计划规程、测试设计规程、测试执行规程、缺陷管理规程等，如图 6-6 ~ 图 6-9 所示的规程。

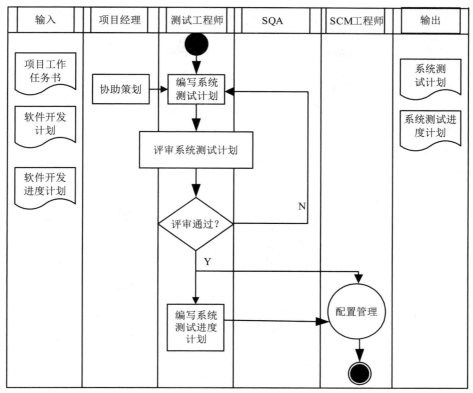

图 6-6 测试计划规程

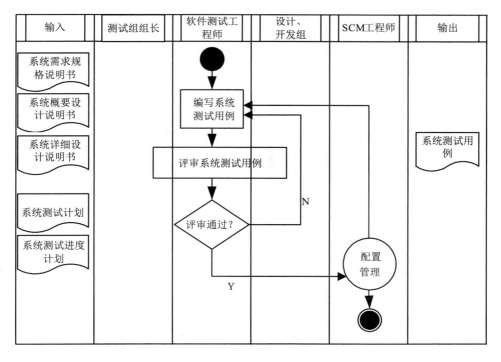

图 6-7 测试设计规程

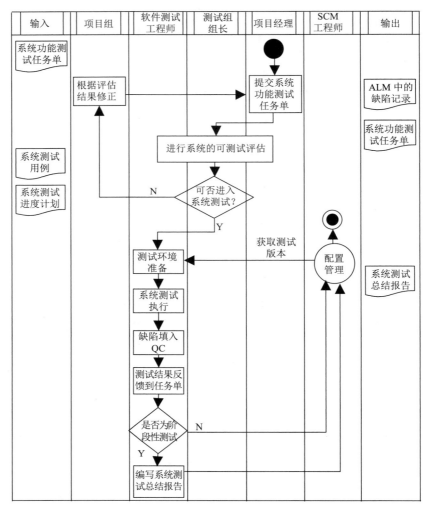

图 6-8　测试执行规程

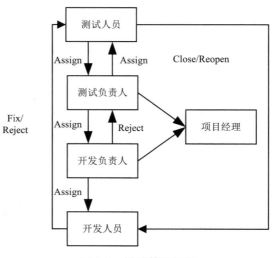

图 6-9　缺陷管理规程

6.6 测试用例设计

明确测试策略，提取测试需求后，测试工程师即可根据测试计划中定义的用例设计计划开展测试用例设计活动。这里仅讨论系统测试阶段的用例设计。

设计系统测试用例时，一般采用等价类、边界值、判定表、因果图、正交实验、状态迁移、场景设计等用例设计方法。

测试用例一般利用 Excel、ALM、禅道等工具进行管理，每个公司用例的模板不同。通常情况下，系统测试用例包含用例编号、测试项、测试标题、用例属性、重要级别、预置条件、测试输入、操作步骤、预期结果、实际结果等若干关键字段。

根据测试执行策略，通常情况需设置预测试用例。预测试用例用于开始实施正式系统测试活动前的"冒烟测试"，通过快速高效的方法，执行优先级相对较高、风险较高的用例，检查被测对象是否符合系统测试实施的标准。当预测试不通过时，测试可能挂起，因此预测试用例的设计是非常重要的。

测试用例设计完成后，需进行测试用例评审活动，只有评审通过后方可投入执行。测试用例在使用过程中，可能会存在"杀虫剂悖论"现象，因此需根据项目或产品的实际情况不断优化用例。

【案例 6-3　OA 系统图书类别添加功能用例设计】

针对 OA 系统图书管理中类别添加功能，测试工程师利用 ALM 进行测试用例设计管理。

（1）测试工程师张三登录 ALM 后，选择"测试计划"选项，如图 6-10 所示。

图 6-10　ALM 测试计划

（2）选择需设计用例的测试，如此处的"类别添加"，在右边界面中选择"设计步骤"。

（3）单击"新建步骤"按钮 ，出现图 6-11 所示的窗口。

图 6-11　ALM 测试用例设计

（4）根据等价类或边界值等用例设计方法设计用例，并根据 ALM 提供的功能模板设计用例。

（5）当前功能点用例设计完成后，即可设计下一功能用例，设计完成后的形式如图 6-12 所示。

图 6-12　ALM 测试用例步骤列表

6.7　测试环境配置

项目计划、开发计划中定义的测试版本发布周期临近时，需搭建被测对象的运行环境，通常情况下由开发部门直接搭建完成，但也可能为了保证测试活动的独立性，由测试部门自行搭建测试环境。

测试环境适合与否会严重影响测试结果的真实性和正确性。其搭建参考标准原则上是需求规格说明书或开发计划中明确表述的系统实际运行环境，但模拟实际运行环境所需的硬件配置很高，成本昂贵，一般通过虚拟机搭建或与开发团队共用。

系统测试环境除支撑被测软件运行的硬件设备外，还应包含被测软件和被测软件配套的操作系统、数据库等系统软件、备料、测试数据、相关资料文档等。

测试环境搭建完成后，环境搭建人员需做预测试，以保证测试环境的正确性，然后组织实施测试活动。

6.8　执行测试用例

测试用例执行阶段，根据测试需要，一般分为两个阶段：预测试阶段和系统测试阶段。

1. 预测试

预测试通常又称为冒烟测试，即利用较短的时间快速验证软件系统基本功能或高风险功能是否正确实现，以确保其后的系统测试能够顺利进行。预测试执行的用例来源于测试用例设计阶段的预测试用例设计。

系统预测试应在测试版本达到测试团队成功部署标准后进行，预测试结束后，需完成转系统测试评审需要输入的《软件系统预测试报告》。实施预测试的主体可以是软件开发项目组，也可以是软件测试项目组或两个部门的联合组织。不过在很多公司中，开发团队实施的预测试过程一般称为集成联调过程，预测试往往都由测试团队独立完成。

预测试活动结束后，需对《软件系统预测试报告》开展评审活动，判断定义的预测试目标是否已经完成，是否可以正常开展下一个测试活动，只有评审通过后，才能启动系统测试过程，参与评审活动的主体通常包括测试团队、项目经理及开发经理。如果评审不通过，则系统测试活动挂起，测试版本需退回至开发团队，修复缺陷，重新集成测试版本并申请重新启动系统测试活动。

2. 系统测试

预测试执行通过后，开展系统测试。执行系统测试后，系统预测试相关的软件版本、测试数据、文档、环境等均应在配置管理中基线化。

执行系统测试时，根据测试计划中定义的测试任务及测试方案中定义的测试规程执行测试用例。执行过程中对于发现的软件缺陷，要及时填写缺陷报告，并跟踪问题的解决，做好问题跟踪和解决记录。

如果缺陷较多或较为严重，使得部分系统测试工作无法继续执行，则测试项目组根据问题的严重程度，有权暂停该部分的测试，或将软件版本返回开发项目组，重新组织转系统测试评审活动。

执行测试用例时，可根据实际的测试情况及时补充测试用例，从而增加测试的有效性，提高测试效率。

【案例 6-4　OA 系统图书管理功能测试执行】

（1）测试工程师张三根据测试任务分配，登录 ALM 后单击"测试实验室"，如图 6-13 所示。

（2）在右侧"测试集"中单击"新建文件夹"按钮，在打开的窗口中输入测试集文件夹名，如图 6-14 所示。

图 6-13　ALM 测试实验室　　　　　　　　图 6-14　ALM 新建测试集文件夹

（3）输入无误确定后，即可根据测试用例执行目标创建测试集。单击"新建测试集"图标，进行测试集的设置，如图 6-15 所示。

图 6-15　ALM 测试集设置

（4）在名称处输入本次测试用例集合名称并提交后，即可完成测试集的创建。

（5）单击"选择测试"，选择需执行的用例，如图6-16所示。

图 6-16　ALM 测试用例列表

（6）选择完成后，即可执行测试集，单击"运行"，出现测试集设定信息，如图 6-17 所示。确认后单击"开始运行"按钮。

图 6-17　ALM 测试集运行设置界面

（7）开始运行测试后，根据每条用例的设计步骤执行，如果通过，则单击 图标为"Passed"，失败则单击 标志为"Failed"，并可单击 图标新建缺陷，如图6-18所示。

图 6-18　ALM 测试集执行界面

（8）新建缺陷时，根据部门缺陷管理规范进行内容编写，在 ALM 中的格式如图 6-19 所示。

图 6-19　ALM 缺陷添加界面

6.9　缺陷跟踪回归

执行测试过程中发现的缺陷，可利用缺陷管理工具进行管理，如 Bugzilla、Test Track、ALM 等。针对不同的项目或产品，可根据实际情况制定不同的缺陷管理流程。每个职能人员根据自身的职责安排负责缺陷跟踪的管理活动。

缺陷根据测试团队标准规范成功提交后，需由开发工程师确认修复，修复完成后，缺陷状态被标识为"Fix"，当一个版本中的缺陷基本修复完成或根据开发计划需生产新的测试版本时，测试工程师需对该版本进行确认和回归测试，以验证相关缺陷是否已经成功修复，若未修复，则需重新打开对应的缺陷，再次进入修复—校验（Fix-Verify）流程。

6.10　测试报告的编写

1．测试日报的作用

测试活动开展过程中，测试工程师需每天编写测试日报，总结每天工作情况，测试日报的作用主要有以下几点。

（1）方便测试工程师掌握测试进度和测试情况，用于调整下一天的工作计划。

（2）测试工程师对被测对象每天给出评估结果，用于调整后续工作中的测试策略。

（3）测试经理通过测试日报了解每个测试工程师的工作进度，把握测试整体进度，发现进度上的风险从而及时调整计划。

（4）测试经理通过测试日报，了解各模块缺陷发展趋势，判断测试是否可以退出，通常可利用缺陷管理工具的统计分析功能了解缺陷发展状况。

（5）开发经理根据测试日报了解被测对象的质量情况，并可以调整缺陷修改任务的人力分配方式。

（6）如果产品有多个测试组并行测试，测试日报可以提供彼此测试交流的手段。

2．系统测试报告的作用

当测试活动根据测试计划结束时，需评估被测对象，以决定下一测试活动是否开展。测试团队根据被测对象的质量数据表现编写客观公正的系统测试报告。系统测试报告的作用一般有以下几点。

（1）评估软件测试工程师当前被测对象的质量，并对下一阶段的测试工作给出建议。

（2）测试经理通过测试报告了解被测试产品的质量情况、测试过程的质量。

（3）软件开发项目经理通过软件测试报告了解开发产品的质量情况，并在下一阶段的开发工作中采取应对措施。

（4）在测试报告中，测试工程师给出的产品质量评估可以作为软件产品是否商用发布的重要参考依据。

【案例 6-5　国标 GB8567—88 标准测试分析报告 】

国标 GB8567—88 标准的测试分析报告如下，大部分公司测试报告以此为模板。

> 1 引言
>
> 1.1 编写目的
>
> 说明这份测试分析报告的具体编写目的，指出预期的阅读范围。
>
> 1.2 背景
>
> 说明：
>
> 被测试软件系统的名称；
>
> 该软件的任务提出者、开发者、用户及安装此软件的计算中心，指出测试环境与实际运行环境之间可能存在的差异以及这些差异对测试结果的影响。
>
> 1.3 定义
>
> 列出本文件中用到的专业术语的定义和外文首字母组词的原词组。
>
> 1.4 参考资料
>
> 列出要用到的参考资料，如：
>
> 本项目的经核准的计划任务书或合同、上级机关的批文；
>
> 属于本项目的其他已发表的文件；
>
> 本文件中各处引用的文件、资料，包括所要用到的软件开发标准。列出这些文件的标题、文件编号、发表日期和出版单位，说明这些文件资料的来源。
>
> 2 测试概要
>
> 用表格的形式列出每一项测试的标识符及其测试内容，并指明实际进行的测试工作内容与测试计划中预先设计的内容之间的差别，说明做出这种改变的原因。
>
> 3 测试结果及发现
>
> 3.1 测试 1（标识符）
>
> 把本项测试中实际得到的动态输出（包括内部生成数据输出）结果与动态输出的要求进行比较，陈述其中的各项发现。
>
> 3.2 测试 2（标识符）
>
> 用类似本报告 3.1 条的方式给出第 2 项及其后各项测试内容的测试结果和发现。
>
> 4 对软件功能的结论
>
> 4.1 功能 1（标识符）
>
> 4.1.1 能力
>
> 简述该项功能，说明为满足此项功能而设计的软件能力以及经过一项或多项测试已证实的能力。
>
> 4.1.2 限制
>
> 说明测试数据值的范围（包括动态数据和静态数据），列出就这项功能而言，测试期间在该软件中查出的缺陷、局限性。

4.2 功能 2（标识符）

用类似本报告 4.1 的方式给出第 2 项及其后各项功能的测试结论。

......

5 分析摘要

5.1 能力

陈述经测试证实了的本软件的能力。如果所进行的测试是为了验证一项或几项特定性能要求的实现，则应提供这方面的测试结果与要求之间的比较，并确定测试环境与实际运行环境之间可能存在的差异对能力的测试所带来的影响。

5.2 缺陷和限制

陈述经测试证实的软件缺陷和限制，说明每项缺陷和限制对软件性能的影响，并说明全部测得的性能缺陷的累积影响和总影响。

5.3 建议

对每项缺陷提出改进建议，如：

各项修改可采用的修改方法；

各项修改的紧迫程度；

各项修改预计的工作量；

各项修改的负责人。

5.4 评价

说明该项软件的开发是否已达到预定目标，能否交付使用。

6 测试资源消耗

总结测试工作的资源消耗数据，如工作人员的水平级别数量、机时消耗等。

6.11　测试结束活动

测试活动实施结束后，需要完成相关的检查归档工作，将测试过程中产生的有用数据信息及相关资料检查整理归类，一般当软件系统正式发布、项目或产品完成测试、某个里程碑或者维护版本甚至一个功能测试完成都需要进行测试结束活动。

测试结束活动通常包括以下内容。

（1）检查在测试过程中测试计划中定义的输出物。

（2）缺陷是否已经记录，是否已经进入缺陷管理流程。

（3）测试实施过程中产生的风险报告需要记录。

（4）测试报告是否给出，相关的经验教训是否总结并分享。

（5）是否需要移交测试对象。

6.12　自动化测试实施

自动化测试实施一般在测试计划制定初期定义。在测试计划中，如果项目需要实施自动化测试，则需定义自动化测试介入时机、测试周期、工具获取、技能培训需求。绝不是软件手工测试结束后随机实施的测试活动。

自动化测试，既可实施于接口层面，也可实施于软件的 UI 层面。项目在测试实施初期即定义自动化实施的程度，如需进行接口，测试团队需选择合适的测试需求及接口自动化测试工具，如 JMeter、SoapUI 或 PostMan 等。如果仅需进行 UI 层面的自动化，则可采用 HP 公司的 UFT 或开源的自动化工具 Selenium，移动 App 自动化测试可考虑 Appnium 或 MonkeyRunner 等。

自动化测试活动中，测试工具的应用可以提高测试质量、测试效率。但在选择和使用测试工具的时候，也应该看到在测试过程中，并不是所有的测试工具都适合引入，同时，即使有了测试工具，会使用测试工具也不等于测试工具真正能在测试中发挥作用。因此，应该根据实际情况选择测试工具，选择使用何种测试工具，千万不可为了使用工具而刻意地去使用工具。在目前软件系统研发环境下，利用自动化测试完全替代手工测试是不可能的。

自动化测试在企业中基本是由专业的团队来实施的，自动化测试团队的成员的技能要求要比普通的手工测试人员一般要求要高，主要技能如下。

（1）基本的软件测试基本理论、设计方法、测试方法，熟悉软件测试流程。

（2）熟悉一门语言的使用，常用的编程技巧。具体需要使用的语言要结合所使用的工具，例如，HP 公司的 UFT 需要掌握 VBScript，开源的 Selenium、Appium 需要掌握 Java 或 Python 等编程语言。

（3）掌握一个比较流行的自动化测试工具。虽然掌握一个自动化工具不是必需的，但是建议初学者还是从一个工具开始入手。通过工具的学习可以了解一些常见的自动化框架的思想，另外也可以通过此工具相对容易地进行自动化测试一些实施。

（4）熟悉被测系统的相关的知识点。例如，如果要对一个 Web 系统进行自动化测试，那么需要熟悉 Web 系统用到的一些知识点，如 HTML、Ajax、Web 服务器、数据库。

（5）熟悉一些常见的自动化测试框架，比如数据驱动、关键字驱动。

自动化测试团队的规模视项目规模而有所区别，团队规模从几人到几十人不等。

6.13　性能测试实施

绝大部分业务系统在实施功能测试后，会根据系统设计或用户需求开展性能测试活动，与自动化功能测试的关注点不同，性能测试主要关注被测对象的性能表现，如并发数、事务响应时间、CPU、内存使用率、业务成功率等指标。

性能测试流程通常分为测试需求分析与定义、性能指标分析与定义、测试模型构建与评审、脚本与场景用例设计、脚本设计与开发、脚本调试与优化、场景设计与实现、场景执行与结果收集、结果分析与报告输出、性能调优与回归测试这 10 个环节。业界应用广泛的性能测试工具是 HP 公司的 LoadRunner 及开源的 JMeter。

实训课题

1. 编写 OA 系统测试计划。
2. 编写 OA 系统测试规程。

第7章 软件测试设计

本章要点

软件系统测试过程中,非常重要的环节即测试需求分析及用例设计。在日常测试工作中,测试工程师需熟练掌握测试需求提取及用例设计的技能。

本章重点介绍软件质量的六大特性、测试需求来源分析、测试项及测试子项定义,并通过案例剖析了黑盒测试经常用到的等价类、边界值、判定表、因果图、正交实验、场景设计和状态迁移 7 种用例设计方法,同时介绍了白盒测试活动中常用的语句覆盖、判定覆盖、条件覆盖、判定条件覆盖及路径覆盖等用例设计方法,便于读者在实际测试工作中运用。

学习目标

1. 理解软件质量特性。
2. 掌握常见测试需求分析方法。
3. 熟练掌握通用用例写作方法。
4. 熟练掌握等价类、边界值、判定表、因果图、正交实验、状态迁移、流程分析 7 种黑盒测试用例设计方法。
5. 了解语句覆盖、判定覆盖、条件覆盖、判定条件覆盖及路径覆盖等白盒测试用例设计方法(知行合一)。

7.1 软件质量特性

质量一词,在百度百科解释为"质量是物体本身的属性,物体的质量与物体的形状、物态及其所处的空间位置无关,质量是物体的一个基本属性"。

针对软件,可将质量理解为"软件产品满足用户或规定显性需求或隐性需求的程度"。ISO 9000:2005《质量管理体系基础和术语》中对质量的定义是"一组固有特性满足要求的程度"。从质量定义可以看出,软件质量的关键点是满足要求,可使用差、好及优秀等修饰词进行表述。

微课 7.1 软件质量特性

针对软件而言,"满足要求"包含两个层次,一是用户显性需求;二是满足其隐性需求。通常情况下,用户容易表述其显性需求,如需要何种功能、何种性能表现等,但无法明确其隐性需求,如软件产品无论在哪种用户需求背景下,都需满足法律法规的限制、行业限制、用户约定俗成习惯，甚至是企业内部的规章制度等。因此，考虑软件质量时，既需考虑用户显性需求，也需考虑其隐性需求，这点测试工程师在分析测试需求时必须考虑。

衡量一个软件系统的好坏，可从过程质量、内部质量、外部质量、使用质量等几个方面考察。过程质量关注软件产品整个生产流程是否规范；内部质量关注软件内部设计及静态测度是否合格；外部质量关注软件产品功能、性能的表现，使用质量则关注软件系统在使用过程中的易用性、满意度表现。对于测试工程师而言，如果从集成测试角度考虑，需关注内部质量、外部质量及使用质量，如果仅做黑盒测试，则可从外部质量及使用质量考虑。

衡量软件好坏的关键在于检验被测对象"满足要求"的程度，这些"要求"对应的是特性，那么衡量软件好坏的关键点转变为特性的达到程度，如果通过量化指标将这些特性进行量化，便可以根据指标达标情况判断被测对象的优劣。

国标软件质量 GB/T16260.1-2006/ISO9126:2001 定义了衡量软件质量的 6 个特性，分别是功能性、可靠性、易用性、效率、可移植、可维护等。国标 GB/T25000.51 标准对 9126 标准做了补充，增加了使用质量评价，关注于用户满意度，特别对 COTS（商用现货软件）规定了基本的质量要求及测试方法，以便于软件的供应、选择、采购及测试。

从软件测试角度而言，测试工程师需要了解每个特性及其子特性，以便于在分析测试需求、提取测试需求及评价被测对象时有的放矢，依据标准开展有效的测试活动。

7.1.1 功能性

功能性是指软件在指定条件下使用时，满足用户明确和隐含需求的功能的能力。功能性包含以下 5 个子特性。

（1）适合性：软件为指定的任务和用户目标提供一组合适功能的能力。

（2）准确性：软件提供具有所需精确度的正确或相符的结果或效果的能力。

（3）互操作性：软件与一个或更多的规定系统进行交互的能力。

（4）保密安全性：软件保护信息和数据的能力，以使未授权的人员或系统不能阅读或修改这些信息和数据，而不拒绝授权人员或系统对它们的访问。

（5）功能性依从性：软件遵循与功能性相关的标准、约定或法规以及类似规定的能力。这些标准要考虑国际标准、国家标准、行业标准、企业内部规范等。

7.1.2 可靠性

可靠性是指软件在指定条件下使用时，维持规定的性能级别的能力。可靠性要求有两个重要的概念：平均故障修复时间（Mean Time To Repair，MTTR）、平均无故障时间（Mean Time Between Failures，MTBF），MTTR 值越小，说明故障修复时间越短，故障处理响应速度较快，MTBF 值越大，说明软件故障率低，系统可靠性高。可靠性包含以下 4 个子特性。

（1）成熟性：软件为避免由软件中错误而导致失效的能力。

（2）容错性：在软件出现故障或者违反指定接口的情况下，软件维持规定的性能级别的能力。

（3）易恢复性：在失效发生的情况下，软件重建规定的性能级别并恢复受直接影响的数据的能力。

（4）可靠性依从性：软件遵循与可靠性相关的标准、约定或法规的能力。

7.1.3　易用性

易用性是指在指定条件下使用时，软件被理解、学习、使用和吸引用户的能力。易用性包含以下 5 个子特性。

（1）易理解性：软件使用户能理解软件是否合适，以及如何能将软件用于特定的任务和使用环境的能力。

（2）易学性：软件使用户能学习其应用的能力。

（3）易操作性：软件使用户能操作和控制它的能力。

（4）吸引性：软件吸引用户的能力。

（5）易用性依从性：软件遵循与易用性相关的标准、约定、风格指南或法规的能力。这些标准要考虑国际标准、国家标准、行业标准、企业内部规范等，如企业内部的界面规范。

7.1.4　效率

效率是指在规定条件下，相对于所用资源的数量，软件可提供适当性能的能力。效率包含以下 3 个子特性。

（1）时间特性：在规定条件下，软件执行其功能时，提供适当的响应和处理时间以及吞吐率的能力，即完成用户的某个功能需要的响应时间。

（2）资源利用性：在规定条件下，软件执行其功能时，使用合适的资源数量和类别的能力。

（3）效率依从性：软件遵循与效率相关的标准或约定的能力。

7.1.5　可维护性

可维护性是指软件可被修改的能力。修改可能包括修正、改进或软件对环境、需求和功能规格说明变化的适应。可维护性包含以下 5 个子特性。

（1）易分析性：软件诊断软件中的缺陷、失效原因或识别待修改部分的能力。

（2）易改变性：软件使指定的修改可以被实现的能力。

（3）稳定性：软件避免由于软件修改而造成意外结果的能力。

（4）易测试性：软件使已修改软件能被确认的能力。

（5）维护性依从性：软件遵循与维护性相关的标准或约定的能力。

7.1.6　可移植性

可移植性是指软件从一种环境迁移到另外一种环境的能力。可移植性包含以下 5 个子特性。

（1）适应性：软件无须采用有别于为考虑该软件的目的而准备的活动或手段，就可能适应不同指定环境的能力。

（2）易安装性：软件在指定环境中被安装的能力。

（3）共存性：软件在公共环境中同与其分享公共资源的其他独立软件共存的能力。

（4）易替换性：软件在同样环境下，替代另一个相同用途的指定软件产品的能力。

（5）可移植性依从性：软件遵循与可移植性相关的标准或约定的能力。

7.2　测试需求分析

了解软件质量特性后，根据测试计划的定义，测试工程师需进行

微课 7.2　测试需求分析

测试需求分析，定义测试范围、明确测试项及测试子项，便于后续设计测试用例。

在进行测试需求分析时，通常采用原始测试需求分析→测试项分析→测试子项分析三步法。

7.2.1 原始测试需求分析

通常情况下，测试需求来源一般都是需求规格说明书，但在现实项目中往往无法获取明确的用户需求，甚至没有需求（有些产品研发即是如此），故测试需求来源可能有多个途径，如开发需求、协议标准规范、竞争性分析文档等。

在运用原始测试需求分析方法时，需要先了解这几个需求概念：原始需求、需求规格、开发需求、测试需求。

1. 原始需求

用户需求的概括表述及展示，基本通过用户口述，需求开发工程师记录的方式生成，格式相对随意。例如，用户提出需要一杯水，需求开发工程师则会记录"用户期望得到一杯水"类似的需求表述。

2. 需求规格

在原始需求的基础上进一步细化，软件质量概念中曾描述"满足要求"，因此体现软件质量优劣的核心标准即是特性符合程度，反向理解，即是需求表述是否定量或定性，只有明确了要求的规格，才能根据质量标准验证是否满足用户要求及满足的程度，因此需求规格是测试工程师真正需要关心的验证基础。需求规格说明书是经过原始需求细化、与用户确认，从软件质量各大特性及其子特性考虑的量化的用户期望表述文档。一般而言，需求规格说明书包含功能性需求、性能需求、外部接口需求（用户界面接口及外部应用程序接口），根据用户对象不同，可能还包括安全性需求、移植性需求等。需求规格说明书需写明实现哪些需求，哪些需求不能实现，参考哪些现行标准/协议/规范等。例如，原始需求"用户需要一杯水"，需求规格则是"用户需要一杯 50ml、60℃左右的纯净水"，定义了期望目标的容量、温度及属性，这样需求易于实现及易于验证。

3. 开发需求

开发需求在需求规格的基础上进一步细化，一般带有明确的实现方式。开发需求由开发工程师根据需求规格进行细化，从体系架构、设计思想及人机交互环节考虑。例如，"用户需要一杯 50ml、60℃左右的纯净水"细化为开发需求则为"用户需要一杯用双层玻璃杯盛着的 50ml、60℃左右的纯净水，并且使用木质托盘送上"。

4. 测试需求

从软件测试角度考虑，关注可度量、可实现、可验证等几个方面。例如，上述的需求，50ml、60℃可度量，双层玻璃杯、纯净水、木质托盘可实现，整个定量及定性需求可验证，在开发需求保证继承于需求规格时，测试需求与开发需求差异不大。

测试需求的来源主要有需求规格说明书、开发需求、协议/规范/标准、用户需求、继承性需求、测试经验库、同行竞争分析等。通过确定不同的需求来源，确定原始测试需求提取的范围。在实际分析提取过程中，存在参考多个来源信息的现象，可能存在重复和冗余，需要整理，整理后的原始测试需求（原始测试项）作为后续原始测试需求分析活动的输入。

（1）规格说明书

若测试需求来源是需求规格说明书，则测试工程师可以直接根据需求中的功能、性能、外部接口特性，提取测试项及测试子项。在这种情况下，提取出来的测试项及子项基本能保证测试需求的正确性及有效性。传统的软件项目，经过需求调研阶段，基本都会生成规范的项目需求规格说明书，这种情况下获取原始测试需求、测试项及测试子项相对容易。

（2）开发需求

对于输入是开发需求的情况，测试工程师可以考虑直接将一条开发需求作为一条原始测试需求来提取，然后参考被测对象概要设计及详细设计规格，检查提取出的原始测试需求是否存在遗漏。在实际操作中，如果觉得开发需求的粒度不合适，需求不够明确具体，则可以考虑拆分成多条或者合并为一条原始测试需求。为明确测试和开发需求的对应关系，要建立原始测试需求和开发需求的跟踪关系，即需求跟踪矩阵（Requirement Trace Matrix，RTM），明确提取的原始测试需求对应的开发需求标识，如果有合并的情况，则对应多个开发需求标识。随着市场竞争激烈，产品同质化加剧，奢望一份规范的需求规格说明书，将变得很难，因此很多公司可能仅有开发需求，在这种情况下，测试工程师需根据开发需求及自身经验获取测试需求，并且测试需求初步提取后，一定需经过规范的同行评审环节进行评审验证确认。

（3）协议/规范/标准

若来源范围是某行业的协议标准规范，则通常是将开发需求和相关的协议标准规范分配给同一个人，以其中一个为主，另一个为辅来提取原始测试需求。以开发需求为主提取出原始测试需求后，再针对协议、标准、规范来分析补充。可补充的原始需求通常包括如下情况：开发文档未详细说明，而是参见某某协议标准规范；开发文档未充分考虑到相关协议标准规范的要求，存在遗漏或者错误；除开发文档要求外，还存在其他需要遵循的协议规范和标准等情况。在移动通信、金融证券产品领域内，根据行业协议、标准或规范获取测试需求是比较常见的，因为这些产品的开发基本都是遵循某些行业标准的，在需求规格说明书中经常看到"具体需求，请参考《××××通信协议》"等字样。

（4）用户需求

单独从用户需求和开发文档中提取原始测试需求，也可能会存在大量的重复，所以通常也是将开发文档和相关的用户需求文档分给同一个人，以其中一个为主，另一个为辅来提取原始测试需求。因为开发需求往往是对用户需求的细化分解，所以一般情况是以开发需求为主提取出原始测试需求后，再通过对用户需求的分析验证提取的原始测试需求是否全面正确。同时，为了让测试更直接面向用户，可以以用户需求为主线，将从开发需求提取出来的原始需求进行整理，因为实际上将这些开发需求还原后，真正的需求来源就是用户需求。质量较高的用户需求通常是从用户实际使用的角度来描述和划分的（可以称之为用户使用场景），此类做法比较符合测试的习惯或要求，可将它们直接作为原始测试需求核心内容，但由于用户考虑问题并没有参考系统的实现，对应到具体的系统上信息不完整，所以需要结合开发需求、设计规格和产品知识进行补充，使得其更加完整和准确。另外部分用户需求是没有体现在开发需求中的，但却可能提取出来作为原始需求。

（5）继承性需求

来源范围如果是继承性需求的情况，可以使用继承性分析工程方法，对系统继承特性（包括从其他系统继承的特性），根据历史测试情况、用户使用情况反馈、用户应用环境变化、与新增特性的交互关系等方面进行继承性分析，得出对这些继承需求需要继承哪些测试项和测试用例、需要和哪些新增需求进行交互测试、需要对哪些变化进行测试，并根据分析的结果提取出原始测试需求。

（6）测试经验库

测试经验库中保存了通过测试执行、缺陷分析、用户应用反馈、相关系统同步等途径提取出来的原始测试需求。这些原始测试需求可以作为测试分析设计的直接输入。

（7）同行竞争分析

从同行竞争分析报告之类的原始测试需求来源中可以直接提取一些功能规格、性能指标、操作规范等作为所测试系统的原始测试需求。

通过上述环节获取的原始测试需求可记录在 RTM 或其他需求管理工具中，便于后期的维护及管理。

7.2.2　测试项分析

获取原始测试需求后，测试工程师即可分析及确定测试项。测试项分析可以参考的工程方法有：质量模型分析、功能交互分析、用户场景分析等，每个工程方法都需独立的输出初始测试项，也就是说初始测试项是从不同测试角度分析输出的结果。

软件质量从功能性、可靠性、效率、易用性、可维护性、可移植性 6 个特性角度来衡量，其中每个质量特性又可分为若干子特性角度，质量模型分析是从软件质量因子角度来分析的。从不同的测试目的出发、以不同角度来分析和测试产品，不同类型的测试会发现不同类型的缺陷。在测试分析设计活动中考虑质量模型分析，能够使测试分析设计人员尽可能从多个方面和角度进行测试分析，能非常有效地提升测试完备性。

软件功能不是独立的，功能之间存在交互、顺序执行等影响因素，这就是功能交互分析的角度。将被测功能和软件其他相关功能进行交互分析，根据影响点可以得出初始测试项。被测功能代指原始测试项或一组有逻辑关系的原始测试项集合，软件其他相关功能包括所有需要进行交互分析的新增和继承功能特性。通过分析功能间的相互影响，能非常有效地提升测试完备性。

从用户角度出发（注意这里的用户是泛指，而不仅仅指人）关注每个用户如何使用和影响被测功能特性，更能关注用户的真实需求意愿。

确定后的测试项与原始测试需求一样，需利用需求管理工具进行管理。

7.2.3　测试子项分析

测试子项分析活动是针对测试项的进一步分析、细化，形成测试子项的活动过程。测试子项分析主要是对测试项进行细化处理。对测试项的处理存在以下几种原则。

（1）对粒度小的测试项不处理，直接进行特性测试设计。

（2）对粒度大的测试项进一步细化，形成测试子项，然后对测试子项进行特性测试设计。

（3）将测试项分析细化为测试子项所采用的工程方法有逐级细分法、等价类法和状态迁移法。

目前只考虑逐级细分法。等价类法和状态迁移法既可以在特性测试需求分析阶段运用，也可以在特性测试设计阶段运用，这两个方法暂时只考虑运用到特性测试设计阶段，等有实际应用需求时，再考虑整合到特性测试需求分析阶段。

7.3　测试用例设计

微课 7.3　测试用例概念

经过测试需求分析阶段评审通过后的测试项及测试子项，即是测试用例设计的输入，在软件测试活动中，需求规格说明书是软件测试活动的基石，所有测试活动以其为基准。测试需求来源于需求规格，是系统测试阶段、验收测试阶段的依据，测试用例及预测试用例以测试需求中的测试项及测试子项为准。评审通过测试项及测试子项后，可正式展开测试用例设计活动。

在单元测试用例设计阶段，常用的用例设计法有语句覆盖、判断覆盖、条件覆盖、判定条件覆盖、路径覆盖等，通常称为白盒测试设计技术。系统测试用例设计阶段，常用的测试用例设计方法有等价类、边界值、判定表、因果图、正交实验、状态迁移、场景分析等，通常称为黑盒测试设计技术。下面从测试用例概念、格式及设计方法方面详细剖析这些常用的测试用例设计技术。

7.3.1　测试用例概念

开展软件活动时，通常情况下都需要依据测试用例进行，那么到底什么是测试用例，其作用如何？测试人员又是如何编写设计测试用例的呢？

要解释上面的问题，首先要明白为什么测试活动需要测试用例，根据自己的意愿结合测试需求是否更快捷？答案肯定是否定的。

在国内软件测试发展的初期，测试工作作为一个辅助性工作，并不像如今这么专业、规范，很多时候基本都是靠测试工程师自己的经验，依据需求规格说明书开展测试活动，这种情况下测试覆盖率及正确性基本都是靠测试工程师个人职业素质，盲目测试、漏测风险大大增加。随着软件工程学科发展及用户对产品质量需求的不断增加，在 ISO、CMMI 等软件质量标准中都要求测试活动实施时必须进行测试用例设计，以期降低软件质量风险，提高测试活动质量。

测试用例，顾名思义，就是测试时使用的例子，是为某个特定目标而开发的输入、执行条件、操作步骤及预期结果的集合。在不同的测试活动中，测试用例的格式不尽相同，本书重点讨论的是系统测试层面的测试活动，故仅以系统测试用例进行说明。

进行测试活动时，为了判断被测对象是否满足用户期望，测试工程师会事先根据用户需求设计测试用例，即一个包含测试目的、测试输入、操作步骤、预期结果等关键信息的格式文档，以此作为开展测试执行活动的一个重要依据。测试过程中，依据测试用例中的操作步骤操作测试对象，并根据测试输入录入测试数据，然后检查被测对象表现出的结果现象是否与预期结果一致，如果一致，则测试通过，否则测试失败，不一致的现象认定为缺陷。

7.3.2　测试用例格式

微课 7.4　测试用例格式

大多数企业测试团队使用的测试用例通常包含用例编号、测试项、测试标题、用例属性、重要级别、预置条件、测试输入、操作步骤、预期结果和实际结果等若干关键词。

1．用例编号

软件工程中，所有的软件文档都包含编号这一关键词，如需求规格说明书中的需求编号、概要设计说明书中的概要设计项编号等。测试用例编号用来唯一识别测试用例，要求具有易识别性和易维护性，用户根据该编号，很容易识别该用例的目的及作用。在系统测试用例中，编号的一般格式如下。

A-B-C-D

A：产品或项目名称，如 CMS（内容管理系统）、CRM（客户关系管理系统）。

B：一般用来说明用例的属性，如 ST（系统测试）、IT（集成测试）、UT（单元测试）。

C：测试需求的标识，说明该用例针对的需求点，可包括测试项及测试子项等，如文档管理、客户管理、客户投诉信息管理等，通常可根据实际情况调整为 C-C1 的格式，如客户管理-新增客户，其中客户管理为测试项 C，新增客户为测试子项 C1。

D：通常用数字表示，一般用 3 位顺序性数字编号表示，如 001、002、003 等。

用例编号示例如下。

CRM-ST-客户管理-新增客户-001

2．测试项

测试项即是测试用例对应的功能模块，包含测试项及子项，以及该用例所属的功能模块，如上例中的客户管理-新增客户。往往一个测试项下可能包含若干测试子项或测试用例，因此测试项一般可定义到测试子项级别，更便于识别测试用例所属模块及维护用例。

3．测试标题

测试标题用来概括描述测试用例的关注点，原则上标题不可重复，每条测试用例对应一个测试目的。例如，输入包含特殊符号如'的客户名称，提交新增信息，验证单引号 SQL 注入是否屏蔽。

4．用例属性

用例属性可以描述该用例的功能用途，如功能用例、性能用例、可靠性用例、安全性用例、兼容性用例等。用例属性在选择不同测试策略时尤为重要，当确定用例属性后，可根据不同的测试需求及风险控制策略，优先选择相应的属性用例。例如，仅做安全测试时，可选择安全性用例，做兼容性测试，则可选择兼容性用例。

5．重要级别

重要级别体现了测试用例的重要性，可根据测试用例的重要级别决定用例执行的先后次序。重要级别一般有高、中、低 3 个级别，级别可继承于需求优先级。在一个测试项中，重要级别为高的测试用例数量往往控制在 1 左右，通常从功能风险、功能使用频率、功能关键性等几个因素来考虑用例重要级别设置，高级别的用例越多，预测试项目就越多，就越不利于测试执行，这样设置重要级别也就没有意义了。

6．预置条件

预置条件是执行该用例的先决条件，如果此条件不满足，则无法执行该用例。预置条件在实际确定过程中，往往选择与当前用例有直接因果关系的条件。当某个功能 A 或流程的输出直接影响下一个功能或流程的工作时，可称 A 是下一功能或流程的预置条件。

预置条件选择的正确与否，可能会影响测试覆盖率、通过率的计算，从而影响停测标准的执行。

7. 测试输入

测试执行时，往往需要一些外部数据、文件、记录驱动。例如，新增客户信息时，需输入客户姓名、联系电话、通信地址等，这些构造的测试数据即称为测试输入。

8. 操作步骤

根据需求规格说明书中的功能需求，设计用例执行步骤。操作步骤阐述执行人员执行测试用例时，应遵循的输入操作动作。编写操作步骤时，需明确给出每一个步骤的详细描述。

9. 预期结果

预期结果来源于需求规格说明书，说明用户显性期望或隐性需求。预期结果作为测试用例最重要的一个部分，需明确定义。需求规格说明书通常会详细表述用户的功能、性能、外部接口需求，外部接口需求主要包括界面需求、外部应用程序接口程序。测试工程师编写测试用例预期结果时，可从以下两个方面编写。

（1）预期界面表现。

执行相关操作后，被测对象会根据测试输入做出响应，并将结果展现在软件界面上，用例预期结果中可包括此部分的描述。例如，输入错误的用户名及密码，单击登录按钮后，系统在屏幕中间位置，以弹出对话框形式标识错误，提示"用户名或密码输入错误，请重试!"，便于测试执行人明确判断系统 UI 实现正确与否。

（2）预期功能表现。

通常从数据记录、流程响应等几个方面关注预期功能表现，如输入正确数据格式的用户信息，单击"新增"按钮后，数据库插入相关记录，并在用户列表正确显示该用户概要信息；用户提交请假申请流程后，流程审批者的流程工作任务中正确出现该条请假申请审批信息。

被测对象针对输入所做出的响应，一定要描述清晰。通常情况下，一条用例仅描述一个预期结果或主题明确的相关结果，不要一条用例描述若干事情，期望若干结果。

10. 实际结果

用例设计时此项为空白，执行用例后，如果被测对象实际功能、性能或其他质量特性表现与预期结果相同，则被测对象正确实现了用户期望的结果，则测试通过，此处留白，否则需将实际结果填写，提交一个缺陷。

测试用例除了上述一些关键的字段外，还可能根据公司测试管理的实际需求，增添其他字段，如测试人、测试结果、测试时间等。

11. 测试用例示例

系统测试用例示例如表 7-1 所示。

表 7-1　系统测试用例示例

用例编号	CRM-ST-客户管理-新增客户-001
测试项	新增客户功能测试
测试标题	验证客户姓名包含特殊符号如单引号'时系统处理
用例属性	功能测试
重要级别	低

续表

预置条件	登录用户具有客户管理权限
测试输入	客户姓名:张三，电话:18600000000，通信地址:北京市海淀区 100008 号信箱
操作步骤	（1）单击"新增客户"按钮； （2）输入相应测试数据； （3）单击"保存"按钮
预期结果	系统弹出对话框提示"客户新增成功!"，确定后，客户信息列表自动刷新，并正确列出该客户姓名及电话信息
实际结果	

7.3.3 等价类

实际软件测试活动中，保证被测对象测试充分性的最好方法即是使用穷举法完全覆盖、完全组合。但显而易见的是这种思路不可取，软件项目实施受时间、成本、范围、风险等多个因素限制。故而，使用一种高度归纳概括的用例设计方法将会大量减少穷举法带来的大量用例，在保证测试效果的同时提高测试效率。等价类划分正是这样的一种非常常用的黑盒用

微课 7.5 等价类

例设计方法，该方法依据用户需求规格说明书，细分用户期望，设计用例。

1. 等价类的概念

等价是指某类事物具有相同的属性或特性，在此集合中个体之间因外部输入引起的响应基本无差异。对于软件测试而言，等价类即是某个测试对象的输入域集合，在此集合中，单个个体对于揭露被测对象缺陷的效用是等价的，即输入域中的某个体如能揭露被测对象的某种缺陷，那么该集合中的其他个体都能揭露该缺陷，反之亦然。

基于上面表述的推理，可根据被测对象用户需求的实际情况，做出合理的推断归纳，将输入域划分为若干等价类，并在每个等价类集合中选择一个个体作为测试输入，从而利用少量的测试输入取得较好的测试效果，在测试效率与效果间达到平衡。

2. 等价类的分类

等价类一般可分为有效等价类和无效等价类。

有效等价类：针对被测对象需求规格说明而言，有意义、有效的测试输入集合。

无效等价类：针对被测对象需求规格说明而言，无意义、无效的测试输入集合。

软件系统在应用过程中，能接收正确的输入或操作，亦能针对错误或无效输入操作做出正确响应，设计测试用例时需同时考虑有效等价类和无效等价类。

根据被测对象的需求规格说明书，通常可从以下几个层面考虑等价类划分。

（1）若需求规格说明中规定了取值范围或值个数时，可以设立一个有效等价类和两个无效等价类。有效取值范围内的输入域集合称为有效等价类，有效取值范围外的输入域集合称为无效等价类。例如，客户姓名字符长度在 6~18 位，则客户姓名长度在 6~18 位时有效，而两个无效等价类分别是 1~5 和>18 位的姓名长度。

（2）若需求规格说明中规定了输入值的集合或者规定了必须遵循某个规则时，可确立一

个有效等价类和一个无效等价类。例如，如果客户姓名必须由汉字组成，则汉字构成是有效等价类，非汉字构成则是无效等价类。

（3）若输入条件是一个布尔值（即真假值），可确定一个有效等价类和一个无效等价类。例如，如果登录用户是钻石会员账号，则在购物车结算时，可自动享有 8 折优惠，否则不打折，钻石会员账号即是有效等价类，非钻石会员属于无效等价类。

（4）若需求规格说明中规定输入数据是一组值，并且程序要对每一个输入值分别处理，则可确立若干有效等价类和一个无效等价类。例如，电子商务系统中的会员管理，如京东商城，有普通会员、金牌会员、铜牌会员、钻石会员等，不同会员的积分规则、优惠策略不同，故设计用例时可划为若干等价类分别考虑。

（5）若需求规格说明中规定了输入数据必须遵守某些规则，则可确立一个符合规则的有效等价类和若干从不同角度违反规则的无效等价类。

在确知已划分的等价类中各个体在程序中处理方式不同时，应将该等价类再进一步划分为更小的等价类。例如，上述例子中的由非汉字构成无效等价类，可继续分为特殊符号、字母或数字等无效等价类。针对被测对象的输入域等价类而言，所有有效等价类及无效等价类的并集即是整个输入域，而有效等价类及无效等价类的交集为空集。

根据需求规格说明书确定被测对象的输入域等价类后，可将有效等价类及无效等价类根据一定的格式（见表 7-2）填入表格。

表 7-2　等价类划分表

测试项	需求规格	有效等价类	编号	无效等价类	编号

3．测试用例设计的步骤

获取有效等价类及无效等价类后，即可着手设计用例。测试用例设计一般采用以下步骤。

（1）为每一个有效等价类或无效等价类设定唯一编号，有效等价类统一编号，无效等价类统一编号。

（2）设计一个新的测试用例，使其尽可能覆盖所有尚未覆盖的有效等价类，直至所有有效等价类覆盖完全，互斥条件的有效等价类需单独覆盖。

（3）设计一个新的测试用例，使其仅覆盖一个无效等价类，直至所有无效等价类完全覆盖。

在设计有效用例过程中，需注意有效等价类之间的互斥性，千万不可在未充分理解需求时，将所有有效等价类设计为一条用例，否则将会出现业务规则错误，导致测试覆盖降低、漏测。

4．等价类设计的用途

等价类设计法可用于功能测试、性能测试、兼容性测试、安全性测试等方面。一般带有输入性需求的被测对象都可以采用等价类设计法，但等价类设计法是以效率换取效果的，考虑得越细致，设计的用例可能就越多，同时，输入与输入之间的约束考虑较少，可能产生一些逻辑错误，不同的思考角度可能会导致不同的用例设计角度及产生的用例数量。在实际使用过程中，需根据测试的投入确定测试风险及优先级，从而保证该方法的使用效果。

【案例 7-1　126 邮箱注册功能等价类法设计用例】

图 7-1 所示是 126 邮箱注册功能页面，从图中可以看出，主页面包括 3 个关键信息：用户名、密码、确认密码，该页面使用了 AJAX 技术，在截图时，这里仅仅抓到了用户名的需求、密码及确认密码需求未能捕获，但不影响等价类方法的示范。

从图 7-1 中可以看出用户名需求为由 6～18 个字符构成，包括字母、数字、下画线，用户名以字母开头，以字母和数字结尾（此处有 Bug，读者自行查找），不区分大小写。如果密码及确认密码有星号标志，则说明是必填项，规则要求假设是密码不能为空，确认密码需与密码一致。在实际测试过程中，测试需求应来源于经过评审的需求规格说明书，这里仅做示范。

图 7-1　等价类设计法示例

根据上述需求进行等价类划分，可从被测字段、长度要求、组成要求、格式要求等几个因素考虑有效等价类及无效等价类的划分，经过细化后的等价类用例设计表如表 7-3 所示。

表 7-3　126 邮箱等价类设计案例

测试项	测试点	需求规格	有效等价类	编号	无效等价类	编号
用户名	长度需求	6～18 位	[6,18]	A01	空	B01
					[1,6)	B02
					>18	B03
	组成需求	字母、数字、下画线	字母	A02	特殊符号	B04
			字母+数字+下画线	A03	汉字	B05
	格式需求	以字母开头	以字母开头	A04	数字开头	B06
					以下画线开头	B07
		以字母或数字结尾	以字母结尾	A05	以下画线结尾	B08
			以数字结尾	A06		
密码	非空要求	不能为空	非空	A07	空	B09
确认密码	一致性要求	与密码一致	一致	A08	不一致	B10

采用等价类设计的 3 条原则，可抽取有效测试用例如下所示。

（1）A01A02A04A05A07A08

（2）A01A03A04A05A07A08

（3）A01A03A04A06A07A08

无效测试用例如下所示。

（1）B01

（2）B02

（3）B03

（4）B04

（5）B05

......

根据等价类用例设计表提取用例时需注意条件间的互斥关系。例如，如果以字母结尾和数字结尾不可能同时出现，则不可能出现 A05A06 的组合，故 126 邮箱注册功能页面需求描述是错误的。考虑每个条件时，仅考虑自身条件，不可若干条件一起考虑，否则会很凌乱。例如，上例中的组成需求和格式需求，单独考虑各自的有效及无效等价类即可。

细化后的等价类有效用例如表 7-4 所示。

表 7-4   126 邮箱等价类用例示例

用例编号	EMAIL-ST-用户注册-001
测试项	用户注册邮箱功能测试
测试标题	验证正确的用户注册信息注册实现情况
用例属性	功能测试
重要级别	高
预置条件	无
测试输入	用户名:zhangsan,密码:zhangsan，确认密码:zhangsan
操作步骤	在注册页面输入测试数据； 单击"提交注册"按钮
预期结果	系统页面显示 zhangsan 注册成功，3s 后成功跳转入 zhangsan 个人信息配置页面
实际结果	

等价类设计法运用熟练后，等价类提取表不一定每次都需要详细列出，可根据实际需要编写，从而提高用例设计速度。

7.3.4 边界值

微课 7.6 边界值

使用等价类设计法设计用例时，测试工程师会碰到输入域临界现象，如图 7-1 邮箱注册功能示例中的用户名长度为 6～18 位。从长期的软件生产实践经验中得知，被测对象出现缺陷往往是在其接受临界数据时产生。

边界值属于等价类方法特定的输入域，包含在有效等价类或无效等价类中，根据等价类推断理论，边界值方法产生的测试效果与等价类方法相同，只是边界值方法选择测试数据时更有针对性，通常选择输入域的边界值。如用户名长度限制在 6～18 位，测试工程师构造有效用户名长度时可选择 6 和 18，对于长度大于 18 的无效等价类，可构造长度为 19 的用户名，如果该用户名无法完成注册，那么长度大于 19 以后的测试数据也将不符合条件。

当需求规格说明书中规定了输入域的取值个数、范围或者明确了一个有序集合时，即可使用边界值方法。

1. 需要考虑的 3 个点

边界值方法构造测试数据时，需考虑 3 个点的选择。

（1）上点

上点是输入域边界上的点，如果输入域是闭区间，则上点在域范围内；反之，输入域是开区间，则上点在域范围外。

例如，输入域是 6 ~ 18，上点为 6 和 18，如果输入域是闭区间[6,18]，则上点 6、18 包含在有效输入域内，如果是(6,18)，则 6、18 不是有效输入。

（2）离点

离点是离上点最近的一个点，如果输入域是封闭的，则离点在域范围外，如果输入域是开区间的，则离点在域范围内。离点的选择确定与上点的数据类型及精度有关。

例如，输入域是 6 ~ 18，则上点为 6、18，如果是[6,18]，则离点在外，两个离点为 5、19，如果是(6,18)，则离点是 7、17。

如果上点的数据类型是实数，如[6.00,18.00]，则离点是 5.99、18.01。

（3）内点

内点是域范围内的任意一个点。例如，[6,18]的内点为 10 或 11，只要是输入域区间内除上点外的任意一点即可。

2. 边界值设计法的思路

确定了上点、离点、内点后，根据上述的边界值理论，结合等价类设计法，边界值设计法思路如下。

（1）如果需求规格说明规定了取值范围，或是规定了值的个数，以该范围的边界内及边界附近的值作为测试用例。

（2）如果需求规格说明规定了值的个数，用比最小个数少一，比最大个数多一的数作为测试数据。

（3）如果需求规格说明中提到的输入或输出是一个有序集合，则注意选取有序集合的第一个和最后一个元素作为测试用例。

（4）如果程序中使用了一个内部数据结构，则应当选择这个内部数据结构的边界上的值作为测试用例。

边界值设计法是对等价类设计法的必要补充，在实际使用过程中，基本上是等价类的后续步骤，因此设计用例的方法类似。

参考等价类设计法中等价类划分方法，确定了有效等价类及无效等价类后，分析每个输入域的上点、离点、内点，填入表格，具体示例如表 7-5 所示。

表 7-5　边界值划分表

测试项	等价类名	上点	编号	离点	编号	内点	编号

3．边界值设计法的基本步骤

与等价类设计法类似，边界值设计法基本步骤如下。

（1）为每一个等价类的上点、离点、内点设定唯一编号，上点、内点统一编号，离点统一编号。

（2）设计一个新的测试用例，使其尽可能覆盖所有尚未覆盖的有效等价类，直至所有有效等价类覆盖完全，互斥条件的有效等价类需单独覆盖。

（3）设计一个新的测试用例，使其仅覆盖一个无效等价类，直至所有无效等价类覆盖完全。

边界值方法在实际使用过程中需明确上点、离点及内点。通常而言，边界值设计法在单等价类的基础上增加了大概两条用例，即多了两个上点的用例。因此，熟练掌握边界值设计法后可在等价类基础上直接编写用例。

【案例 7-2　126 邮箱注册功能边界值法设计用例】

上面 126 邮箱注册的示例，使用等价类及边界值设计法设计用例如表 7-6 所示。

表 7-6　边界值用例示例

测试项	测试点	需求规格	有效等价类	测试数据	编号	无效等价类	测试数据	编号
用户名	长度需求	6～18 位	[6,18]	6	A01	空		B01
				18	A02	[1,6)	5	B02
				10	A03	>18	19	B03
	组成需求	字母、数字、下画线	字母		A04	特殊符号		B04
			字母+数字+下画线		A05	汉字		B05
	格式需求	以字母开头	以字母开头		A06	数字开头		B06
						以下画线开头		B07
		以字母或数字结尾	以字母结尾		A07	以下画线结尾		B08
			以数字结尾		A08			
密码	非空要求	不能为空	非空		A09	空		B09
确认密码	一致性要求	与密码一致	一致		A10	不一致		B10

在上表中，针对用户名长度限制的 6～18 位，选择了两个上点：6、18，在之前的等价类设计法中，在构造用例时仅考虑了内点选择。在无效等价类[1,6)及>18 中，选择更具针对性

微课 7.7　判定表

的测试数据离点 5 及离点 19。其他的用例设计提取与等价类方法类似，在此不再赘述。

7.3.5　判定表

在等价类设计法中，详细考虑了需求输入域但是对于输入域及输入域存在关联时无法覆盖，因此需要一种能考虑输入域相互关系的用例设计方法来考虑业务描述性的测试需求。

下面通过一个例子来阐述等价类设计法在特定需求下设计用例的不足。

【案例 7-3　移动通信主被叫业务测试用例设计】

移动通信中，有这样需求：若用户欠费或停机，则不允许主被叫。

用户欠费或停机作为一个布尔类型等价类，欠费或停机作为有效等价类，未欠费或未停机作为无效等价类考虑，使用等价类设计法设计用例如表 7-7 所示。

表 7-7　等价类方法失效示例

测试项	有效等价类	编号	无效等价类	编号
欠费	欠费	A01	未欠费	B01
停机	停机	A02	未停机	B02

提取测试用例如下。

有效用例：

A01A02：用户欠费且停机，不允许主被叫；

无效用例：

B01：用户未欠费但停机，不允许主被叫；

B02：用户欠费但未停机，不允许主被叫

上述 3 条测试用例无法测试 B01B02 用户未欠费、未停机的情况，因为按照等价类设计法思想，B01B02 两个无效等价类不能组合。

为了解决上面的问题，达到测试用例设计的覆盖率，测试工程师可采用判定表设计法进行设计。

1．判定表设计法的概念

判定表是分析和表达若干输入条件下，被测对象根据输入做出不同响应的工具。在遇到复杂业务逻辑关系和多种条件组合情况时，利用判定表可将需求或逻辑关系表达得既具体又明确。

判定表通常包含表 7-8 所示的部分。

表 7-8　判定表结构

条件桩	条件项 1
	条件项 2
动作桩	动作项

条件桩：需求规格定义被测对象的所有输入。

条件项：针对条件桩所有可能输入的真假值。

动作桩：针对条件被测对象可能采取的所有操作。

动作项：针对动作桩，被测对象响应的可能结果取值。

规则：动作项和条件项组合在一起，即在条件项的各种取值时，被测对象应该采取的动作，在判定表中贯穿条件项和动作项的每一列构成一条测试规则，可以针对每个合法输入组合的规则设计用例进行测试，如条件 1+条件 2+动作项构成一条规则。

2．判定表设计法的步骤

判定表用例设计方法基本设计步骤如下。

（1）定义条件桩与动作桩

条件桩是测试需求中的输入条件，根据被测对象的测试需求，确定测试输入。输入通常包含测试数据、外部文件、内部数据状态等，如果输入仅涉及 2 种取值，即真假取值，可用 0、1 表示，则可直接填入判定表，否则需根据实际情况细化，每个取值作为条件桩单独抽取出来。

动作桩即为测试需求中的输出响应。根据被测对象的测试需求，确定测试输出。输出通常包含提示信息、数据响应、文件结果、页面展示变化等。确定无误后可填入判定表动作桩部分。

（2）设计优化判定表

根据提取出的条件桩及动作桩，填写判定表，并根据条件间的逻辑关系优化判定表。

（3）填写动作项

根据每条规则，依据测试需求，填写每个动作桩的取值，即填写动作项。

（4）简化判定表

判定表设计好后，可能存在相似的规则，即某条件桩任意取值对动作桩无影响的情况。此时，可根据实际情况进行合并。

找到判定表中输出完全相同的列，查看其输入是否相似，在若干输入项中，如果有且仅有一项的输入取任何值对输出均无任何影响，则可合并。需要注意的是，合并判定表是以牺牲测试充分性、混乱业务逻辑为代价的。在一般情况下，如果规则数≤8 条，则不建议合并，如表 7-9 所示。

表 7-9　判定表合并

条件桩	Y	Y	→	Y
	N	N		N
	Y	N		--
动作桩	X	X		X

当条件桩输入值之间存在互斥关系时，亦需根据实际情况排除。

（5）抽取用例

简化判定表后，即可抽取判定表中的每一条规则作为测试用例。需注意的是，判定表得到的是测试规则，而不是最终的用例。规则不能验证功能点正确，仅验证业务规则的正确性。

3．判定表设计法的优缺点

判定表设计法在实际使用过程中，充分考虑了输入间的组合情况，每条规则覆盖了多个输入条件，考虑了输入项之间的约束关系，降低了漏测风险。同时，利用判定表可推断出需求规格本身的逻辑性，反向验证需求的正确。但判定表的缺点也是显而易见的，当输入项过多时，规则数以 2 的 n 次方剧增，判定表将会非常庞大，采用判定表合并方法合并又会造成逻辑缺失、业务混乱错误，故在使用判定表方法前，需细致分析被测对象的需求，尽可能分解为多个需求项，然后再应用判定表设计法。

判定表设计如表 7-10 所示。

表 7-10　判定表用例示例一

		1	2	3	4
条件桩	欠费	1	1	0	0
	停机	1	0	1	0
动作桩	主被叫	0	0	0	1

欠费：1 表示真，欠费，0 表示假，未欠费。

停机：1 表示真，停机，0 表示假，未停机。

主被叫：1 表示真，允许主被叫，0 表示假，不允许主被叫。

规则如下。

（1）用户欠费及停机，不允许主被叫。

（2）用户欠费但未停机，不允许主被叫。

（3）用户未欠费但停机，不允许主被叫。

（4）用户未欠费且未停机，允许主被叫。

上述示例中，规则 1 和 3 在用户停机时，无论其是否欠费，都不允许主被叫，根据合并规则可合并，但考虑系统在内部处理逻辑判断可能走了不同分支，故不建议合并。

【案例 7-4　读书选择逻辑用例设计】

需求表述如下。

（1）觉得疲倦，但对书的内容感兴趣，同时书中的内容让你糊涂的话，回到本章重读。

（2）觉得疲倦，但对书的内容感兴趣，同时书中的内容不让你糊涂，继续读下去。

（3）不觉得疲倦并且对书的内容感兴趣，但是书中的内容让你糊涂的话，回到本章重读。

（4）觉得疲倦并且对书中的内容不感兴趣，同时书中的内容不让你糊涂，停止阅读，请休息。

（5）觉得疲倦并且对书的内容不感兴趣，同时书中的内容让你糊涂，请停止阅读，休息。

（6）不疲倦，对书的内容感兴趣，书中的内容不糊涂，继续阅读下去。

（7）不疲倦，不感兴趣，书中内容糊涂，跳到下一章阅读。

（8）不疲倦，不感兴趣，书中内容不糊涂，跳到下一章阅读。

判定表设计如表 7-11 所示。

表 7-11　判定表用例示例二

		1	2	3	4	5	6	7	8
条件	是否疲倦	0	0	0	0	1	1	1	1
	是否感兴趣	0	0	1	1	0	0	1	1
	是否糊涂	0	1	0	1	0	1	0	1

续表

结果					1				1
	本章重读				1				1
	继续阅读			1				1	
	停止阅读					1	1		
	跳到下一章	1	1						

根据合并规则，{（1）、（2）}，{（3）、（7）}，{（4）、（8）}，{（5）、（6）}可以合并。合并后得到如表 7-12 所示的判定表。

表 7-12　判定表用例示例二合并表

		1、2	3、7	4、8	5、6
条件	是否疲倦	0	–	–	1
	是否感兴趣	0	1	1	0
	是否糊涂	–	0	1	-
结果	本章重读			1	
	继续阅读		1		
	停止阅读				1
	跳到下一章	1			

通过合并，不难发现，8 条规则变成了 4 条规则，表面上减少了规则数，但容易遗漏分支从而产生漏测风险，所以一般规则数量不多时尽量不合并。

7.3.6　因果图

在利用判定表设计法设计用例的过程中，往往会遇到输入与输入之间存在约束的情况。简单业务逻辑关系可利用判定表解决，但较为复杂的约束关系可能就不适合了。在这种情况下采用因果图会是一种不错的选择。

微课 7.8　因果图

因果图（Cause and Effect）又称鱼骨图（Fishbone Diagram），是由日本管理大师石川馨先生所发展出来的，故又名石川图。在软件测试用例设计过程中，用于描述被测对象输入与输入、输入与输出之间的约束关系。因果图的绘制过程，可以理解为用例设计者针对因果关系业务的建模过程。根据需求规格，绘制因果图，然后得到判定表进行用例设计，通常理解因果图为判定表的前置过程，当被测对象因果关系较为简单时，可直接使用判定表设计用例，不然可使用因果图与判定表结合的方法设计用例。

针对需求规格，将 Cause（原因）及 Effect（影响）对应关系共分为 2 组 4 类：输入与输出、输入与输入。

1. 输入与输出

输入与输出间的关系主要有恒等、非、与、或 4 种。

（1）恒等

若输入条件发生，则一定会产生对应的输出，若输入条件不发生，则一定不会产生对应的输出。恒等关系示意图如图 7-2 所示。

（2）非

与恒等关系恰好相反，其示意图如图 7-3 所示。

图 7-2　恒等关系示意图　　　　　　图 7-3　非关系示意图

（3）与

在多个输入条件中，只有所有输入项发生时，才会产生对应输出。与关系示意图如图 7-4
所示。

（4）或

在多个输入条件中，只要有一个发生，则会产生对应输出，可以多个条件同时成立。或
关系示意图如图 7-5 所示。

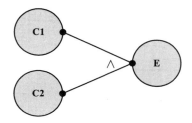 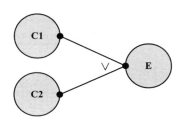

图 7-4　与关系示意图　　　　　　图 7-5　或关系示意图

2．输入与输入

输入与输入之间同样存在异、或、唯一、要求 4 种关系。

（1）异

所有输入条件中至多一个输入条件发生，可以一个条件都不成立。异关系示意图如图 7-6
所示。

（2）或

所有输入条件中至少一个输入条件发生，当然也可以多个条件共存。或关系示意图如图
7-7 所示。

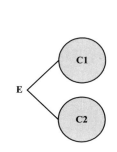 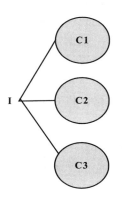

图 7-6　异关系示意图　　　　　　图 7-7　或关系示意图

（3）唯一

所有输入中有且只有一个输入条件发生。唯一关系示意图如图 7-8 所示。

（4）要求

所有输入中只要有一个输入条件发生，则其他输入也会发生。要求关系示意图如图 7-9 所示。

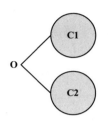
图 7-8　唯一关系示意图

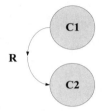
图 7-9　要求关系示意图

了解因果图输入与输入、输入与输出关系后，测试工程师该如何利用因果图进行用例设计呢？使用因果图设计法设计用例的重点是理解输入与输入、输入与输出的逻辑关系，确定其对应的关系后，可利用逻辑运算方法便捷地得到测试规则。下面结合案例介绍因果图的使用方法。

【案例 7-5　预售房预售资金网签功能用例设计】

预售房预售资金监管账户网签号校验功能：对网签号格式进行验证，必须符合 Y+7 位数字格式，如 Y2014678。如果符合格式要求，则可成功验证，若第一列不是 Y，则提示"网签号格式错误"，如果后 7 位非数字，则提示"无此网签号"，利用因果图进行用例设计。

针对上述需求，首先确定需求中的原因及影响，由需求得知如下结果。

输入（原因）：第一列是 Y，其他 7 位是数字。

输出（影响）：网签号非法、无此网签号、成功验证。

根据因果图中的输入及输入、输入及输出的关系，画因果图如图 7-10 所示。

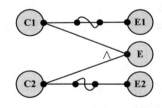
图 7-10　网签号案例因果图

C1：第一列是 Y。

C2：其他 7 位是数字。

E1：网签号格式错误。

E：成功验证。

E2：无此网签号。

根据因果图得到判定表如表 7-13 所示。

表 7-13　网签号测试判定表

		1	2	3	4
原因（输入）	第一列是 Y	0	0	1	1
	7 位数字	0	1	0	1
影响（输出）	成功验证	FALSE	FALSE	FALSE	TRUE
	网签号格式错误	TRUE	TRUE	FALSE	FALSE
	无此网签号	TRUE	FALSE	TRUE	FALSE

通过因果图可知：

> 成功验证 E=and(C1,C2)
> 网签号格式错误 E1=not(C1)
> 无此网签号 E2=not(C2)

通过因果图利用 And、Or、Not 等逻辑运算符，即可方便快捷地获得判定表中条件桩与动作桩的关系，从而得到用例规则，再结合等价类及边界值用例设计方法细化测试用例。

因果图在实际使用过程中，能够帮助测试用例设计者快速了解需求，理解业务逻辑，然后快速设计判定表，从而得到所需的测试用例。在因果关系复杂的系统中，可采用该方法，该方法的优缺点类似于判定表设计法，在使用过程中需注意规则的规模。

7.3.7 正交实验

微课 7.9 正交实验

正交实验用例设计法，是由数理统计学科中正交实验方法进化出的一种测试多条件多输入的用例设计方法。正交实验方法，根据迦罗瓦理论导出的"正交表"，合理安排试验的一种科学试验设计方法，是研究多因子（因素）多水平（状态）的一种试验设计方法。它是根据试验数据的正交性从全面试验数据中挑选出部分有代表性的点进行试验，这些点具备了"均匀分散，齐整可比"的特点，正交试验设计是一种基于正交表的、高效率、快速、经济的试验设计方法。部分书籍将因子称为因素，状态称为水平，本书以因子和水平为准。

通常把所有参与试验、影响试验结果的条件称为因子，影响试验因子的取值或输入称为因子的水平。

正交试验方法与传统的测试用例设计方法相比，利用数学理论大大减少了测试组合的数量，在判定表、因果图用例设计方法中，基本都是通过 m^n 进行排列组合。使用正交实验方法，需考虑参与因子"整齐可比、均匀分散"的特性，保证每个实验因子及其取值都能参与实验，减少了人为测试习惯导致覆盖率低及冗余测试用例的风险。

（1）整齐可比

在同一张正交表中，每个因子的每个水平出现的次数完全相同。在实验中，每个因子的每个水平与其他因子的每个水平参与实验的概率完全相同，这就保证在各个水平中最大限度地排除了其他因子水平的干扰。因而，能最有效地进行比较和做出展望，容易找到好的试验条件。

（2）均匀分散

在同一张正交表中，任意两列（两个因子）的水平搭配（横向形成的数字对）是完全相同的，这就保证了实验条件均衡地分散在因素水平的完全组合之中，因而具有很强的代表性，容易得到好的实验条件。

【案例 7-6 查询功能用例设计】

对于软件测试而言，因子即被测对象所需的测试输入，水平即每个输入的取值。图 7-11 查询功能示例图所示的功能界面包含功能客户姓名、联系电话、通信地址等 3 个查询字段，每个查询条件有输入数据和不输入两种情况，可称之为 3 因子 2 水平。

客户姓名 ☐ 联系电话 ☐ 通信地址 ☐ 查询

图 7-11 查询功能示例图

上述案例共有 3 个查询字段，如果从经验测试角度来看，可测试两种情况，即 3 个查询字段都不输入和都输入的情况，如果从全排列角度考虑，可设计 2^3，即 8 条用例进行覆盖，但如果测试条件增加，用例数将会无比庞大，测试效率无法保证，如果根据经验实施测试，则可能因为测试工程师的喜好，造成测试遗漏。如果采用正交实验方法，则可降低此类风险。使用正交实验方法如下。

（1）分析需求获取因子及水平

根据被测对象的需求描述，获取输入条件及每个条件可能的取值，如果取值较多，可使用等价类及边界值方法先优化。例如，图 7-11 查询功能示例图中可以确定的因子数为 3，每个因子从输入和不输入两种情况考虑，则水平为 2。

（2）根据因子及水平数选择正交表

由步骤（1）分析得知，被测对象可能所需的正交表为 3 因子 2 水平，从数理统计书籍及正交实验网站查找得知有恰好符合 3 因子 2 水平的正交表，如表 7-14 所示。如果预估正交表与实际正交表不相符，则选择因子及水平大于预估正交表，且实验次数最少的正交表。

表 7-14　3 因子 2 水平正交表

Experiment Number	Column		
	1	2	3
1	1	1	1
2	1	2	2
3	2	1	2
4	2	2	1

（3）替换因子水平，获取实验次数

将输入项及取值替换正交表，获取实验次数，替换后的表格如表 7-15 所示。

表 7-15　正交表替换表示例

实验次数	输入条件		
	客户姓名	联系电话	通信地址
1	输入	输入	输入
2	输入	不输入	不输入
3	不输入	输入	不输入
4	不输入	不输入	输入

（4）根据经验补充实验次数

正交实验毕竟是通过数学方法推导出来的实验次数，保证了每个参与实验因子的水平取值均匀分布在实验数据中，并不能全部代表业务的实际情况，所以一般仍需要根据测试经验补充一些用例，针对上述案例，发现 3 因子 2 水平正交表并不包含每个因子取 2 值的实验，故需补充该用例，调整后的表格如表 7-16 所示。

表 7-16　正交表优化表

实验次数	输入条件		
	客户姓名	联系电话	通信地址
1	输入	输入	输入
2	输入	不输入	不输入
3	不输入	输入	不输入
4	不输入	不输入	输入
5	不输入	不输入	不输入

这样，如果使用全排列测试方法得到的用例将是 2^3 共 8 条用例，如果使用正交实验方法，8 条用例减少至 5 条，同样能保证测试效果，但测试用例数量大大减少。

（5）细化输出测试用例

根据优化后的正交表，每行一次实验数据构成一条测试规则，在此基础上利用等价类及边界值方法细化测试用例。

在使用正交实验设计法设计用例时，通常可能会遇到以下几种情况。

（1）测试输入参数个数及取值与正交实验表的因子数刚好符合。

分析被测对象的需求后，提取的测试输入参数及取值恰好等于正交表的因子及水平数时，可直接套用该表，然后根据经验补充用例即可。

（2）测试输入参数个数与正交实验表的因子数不符合。

如果测试输入参数个数大于或小于正交实验表的因子数时，选择正交表中因子数大于输入参数的正交表，多余的因子可抛弃不用。

（3）测试数据参数取值个数与正交实验的水平数不符合。

如果测试输入参数的取值个数大于或小于正交实验表的水平数时，选择正交表中因子及水平数均大于输入参数且总实验次数最少的正交表，多余的因子可抛弃不用，多余的水平数可均分参与实验。

因为正交实验方法能借助于正交实验表快速得到测试组合，通常用在组合查询、兼容性测试、功能配置等方面。因此在软件测试用例设计中有着广泛的应用，但该方法也有一定的弊端，因其是从数学公式引申而来，可能在实际使用过程中，无法考虑输入参数相互组合的实际意义，因此在实际使用时需结合业务实际情况做判断，删除无效的数据组合，补充有效的数据组合。

【案例 7-7　网站兼容性测试用例设计】

案例特点：因子数及水平数与正交试验表相等。

现有一个 Web 网站，该网站存在不同的服务器和操作系统配置，并且支持用户使用不同的浏览器及插件访问该网站视频，请设计测试用例进行该网站的兼容性测试。

（1）Web 浏览器：Netscape 6.2、IE 6.0、Opera 4.0。

（2）插件：无、RealPlayer、MediaPlayer。

（3）应用服务器：IIS、Apache、Netscape Enterprise。

（4）操作系统：Windows 2000、Windows NT、Linux。

分析上述需求，需求共有 4 个测试参数，即 Web 浏览器、插件、应用服务器、操作系统 4 个因子，且每个因子的取值都是 3，故可能采用的正交表为 4 因子 3 水平。

通过对比正交实验表，发现恰好有 4 因子 3 水平的正交表，如表 7-17 所示。

表 7-17　4 因子 3 水平正交表

Experiment Number	Column			
	1	2	3	4
1	1	1	1	1
2	1	2	2	2
3	1	3	3	3
4	2	1	2	3
5	2	2	3	1
6	2	3	1	2
7	3	1	3	2
8	3	2	1	3
9	3	3	2	1

根据分析得到的测试输入及取值，替换上述 4 因子 3 水平表，如表 7-18 所示。

表 7-18　正交表用例案例一

Experiment Number	Column			
	Web 浏览器	插件	应用服务器	操作系统
1	Netscape	无	IIS	Windows 2000
2	Netscape	RealPlayer	Apache	Windows NT
3	Netscape	MediaPlayer	Netscape Enterprise	Linux
4	IE	无	Apache	Linux
5	IE	RealPlayer	Netscape Enterprise	Windows 2000
6	IE	MediaPlayer	IIS	Windows NT
7	Opera	无	Netscape Enterprise	Windows NT
8	Opera	RealPlayer	IIS	Linux
9	Opera	MediaPlayer	Apache	Windows 2000

根据经验补充 4 个因子中都取 2 和 3 的实验数据，更新后的正交表如表 7-19 所示。

表 7-19   正交表用例案例一优化表

Experiment Number	Column			
	Web 浏览器	插件	应用服务器	操作系统
1	Netscape	无	IIS	Windows 2000
2	Netscape	RealPlayer	Apache	Windows NT
3	Netscape	MediaPlayer	Netscape Enterprise	Linux
4	IE	无	Apache	Linux
5	IE	RealPlayer	Netscape Enterprise	Windows 2000
6	IE	MediaPlayer	IIS	Windows NT
7	Opera	无	Netscape Enterprise	Windows NT
8	Opera	RealPlayer	IIS	Linux
9	Opera	MediaPlayer	Apache	Windows 2000
10	IE	RealPlayer	Apache	Windows NT
11	Opera	MediaPlayer	Netscape Enterprise	Linux

至此，利用正交实验大概设计了 11 条用例解决了上述兼容性测试不同环境下的组合情况，如果根据经验再补充些用例，也比 $3^4=81$ 条用例少很多。

【案例 7-8   银行交易系统卡号查询功能用例设计】

案例特点：因子数与正交试验表因子数不相符。

某银行交易系统的卡号查询功能界面如图 7-12 所示。

图 7-12   银行卡号查询功能

共有卡号、卡号所属地区、卡状态、用户姓名和开户年月 5 个查询条件，假设针对每个查询条件仅设定输入条件或不输入条件两种情况，则可确定该功能使用的正交表大概是 5 因子 2 水平，然后选择相应匹配的正交表，但正交表中仅有 3 因子 2 水平、7 因子 2 水平、11 因子 2 水平等因子数更高的正交表。

在水平数相同时，选择因子数稍大于输入参数个数，且实验次数最少的正交表，显然，3 因子 2 水平不符合要求，剩下的 7 因子 2 水平与 11 因子 2 水平相比，7 因子 2 水平实验次数是 8 次，而 11 因子 2 水平是 12 次，选择实验次数最少的正交表，故选择 7 因子 2 水平正交表，7 因子 2 水平正交表如表 7-20 所示。

表 7-20   7 因子 2 水平正交表

Experiment Number	Column						
	1	2	3	4	5	6	7
1	1	1	1	1	1	1	1
2	1	1	1	2	2	2	2

Experiment Number	Column						
	1	2	3	4	5	6	7
3	1	2	2	1	1	2	2
4	1	2	2	2	2	1	1
5	2	1	2	1	2	1	2
6	2	1	2	2	1	2	1
7	2	2	1	1	2	2	1
8	2	2	1	2	1	1	2

替换相应输入参数及取值后，正交表如表 7-21 所示。

表 7-21 正交表用例案例二

Experiment Number	Column						
	卡号	卡号所属地区	卡状态	用户姓名	开户年月	6	7
1	输入	输入	输入	输入	输入	1	1
2	输入	输入	输入	不输入	不输入	2	2
3	输入	不输入	不输入	输入	输入	2	2
4	输入	不输入	不输入	不输入	不输入	1	1
5	不输入	输入	不输入	输入	不输入	1	2
6	不输入	输入	不输入	不输入	输入	2	1
7	不输入	不输入	输入	输入	不输入	2	1
8	不输入	不输入	输入	不输入	输入	1	2

多余的因子 6 及 7 抛弃不用即可，根据经验再补充 5 因子全取 2 的情况，更新后的正交表如表 7-22 所示。

表 7-22 正交表用例案例二优化表

Experiment Number	Column						
	卡号	卡号所属地区	卡状态	用户姓名	开户年月	6	7
1	输入	输入	输入	输入	输入	1	1
2	输入	输入	输入	不输入	不输入	2	2
3	输入	不输入	不输入	输入	输入	2	2
4	输入	不输入	不输入	不输入	不输入	1	1
5	不输入	输入	不输入	输入	不输入	1	2
6	不输入	输入	不输入	不输入	输入	2	1
7	不输入	不输入	输入	输入	不输入	2	1
8	不输入	不输入	输入	不输入	输入	1	2
9	不输入	不输入	不输入	不输入	不输入		

根据测试用例格式，设计测试用例。方法与其他用例设计方法提取用例一致。

【案例 7-9 电子商务商品查询系统用例设计】

案例特点：水平数与正交试验表不相符。

某电子商务商品查询系统，根据需求分析得到初步的正交表，如表 7-23 所示。

表 7-23 正交表用例案例三

状态 \ 因子	查询类别	查询方式	子类别
1	产品用途	简单	日常用品
2	产品材质	组合	家居装修
3		条件	

上述需求中，通过测试分析，发现其初步的正交表可能是 2 因子 2 水平和 1 因子 3 水平，但经过对比正交表发现并无这样的正交表，预期最接近的正交表是 3 因子 2 水平及 4 因子 3 水平，但 4 因子 3 水平的实验次数是 9，而 3 因子 2 水平的实验次数是 4，但测试需求中有一项的水平是 3，此时可通过先合并水平再扩展水平的方法选择正交表。

根据初步正交表，首先将查询方式中的 3 个水平合并为 2 个水平，简单作为 1，组合及条件作为 2，则满足 3 因子 2 水平的正交表，替换后的正交表如表 7-24 所示。

表 7-24 正交表用例案例三替换表

Experiment Number	Column		
	查询类别	查询方式	子类别
1	产品用途	简单	日常用品
2	产品用途	组合+条件	家居装修
3	产品材质	简单	家居装修
4	产品材质	组合+条件	日常用品

从上表不难发现，查询方式中的组合+条件是两个水平的合并，故需进一步优化，优化更新后的正交表如表 7-25 所示。

表 7-25 正交表用例案例三优化表

Experiment Number	Column		
	查询类别	查询方式	子类别
1	产品用途	简单	日常用品
2	产品用途	组合	家居装修
3	产品用途	条件	家居装修
4	产品材质	简单	家居装修
5	产品材质	组合	日常用品

续表

Experiment Number	Column		
	查询类别	查询方式	子类别
6	产品材质	条件	日常用品
7	产品材质	组合	家居装修
8	产品材质	条件	家居装修

如果不采用正交实验方法，采用判定表设计法得到的用例数是 $2 \times 3 \times 2 = 12$ 条，由此可见，正交实验方法减少了一定数量的用例数，并且测试覆盖率有所上升，漏测风险降低。

案例四：因子及水平都不相同。

当因子及水平都不相同时，可根据前面两个案例选择正交表，选择因子及水平略大于预估正交表，且实验次数最少的正交表即可。

7.3.8　状态迁移

微课 7.10　状态迁移

状态迁移设计法是关注被测对象的状态变化，在需求规格说明中是否有不可达的状态和非法的状态，是否可能产生非法的状态迁移等。状态，即被测对象在特定输入条件下所保持的响应形式。对于被测对象而言，如果根据需求规格抽象出它的若干状态，以及这些状态之间的迁移条件和迁移路径，那么可以从其状态迁移路径覆盖的角度来设计测试用例。状态迁移设计法的目标是设计足够多的用例，以覆盖被测对象的所有状态。

使用状态迁移设计法时，首先需提取被测对象需求规格说明中定义的状态，利用有向箭头标识在某些输入条件下状态间的迁移关系，根据广度优先及深度优先法则抽取测试用例规则，最后细化测试用例。具体操作步骤如下。

1．明确状态节点

分析被测对象的测试特性及对应的需求规格说明，明确被测对象的状态节点数量及相互迁移关系。

2．绘制状态迁移图

利用圆圈表示状态节点，有向箭头表示状态间的迁移关系，根据需要在箭头旁标识迁移条件。利用绘图软件绘制状态迁移图。

3．绘制状态迁移树

根据状态迁移图，利用广度优先及深度优先法则绘制状态迁移树。首先确定起始节点及终止节点，在绘制时，当路径遇到终止节点时，不再扩展，遇到已经出现的节点也将停止扩展。

4．抽取测试路径设计用例

根据迁移树抽取测试路径，从左到右，横向抽取，每条路径构成一条测试规则，再利用等价类及边界值设计法细化用例。

【案例 7-10　飞机售票系统用例设计】

（1）客户向航空公司打电话预订机票，此时机票信息处于"预订"状态。

（2）顾客支付了机票费用后，机票信息变为"已支付"状态。

（3）旅行当天到达机场，拿到机票后，机票信息变为"已出票"状态。

（4）登机检票后，机票信息变为"已使用"状态。

（5）在登机检票之前任何时间都可以取消自己的订票信息，如果已经支付了机票的费用，则还可以退款，取消后，订票信息处于"已取消"状态。

分析上述需求，可以得到该被测对象一共有预订、已支付、已出票、已使用、已取消这5种状态。绘制状态迁移图如图7-13所示。

由图7-13得知，针对每个节点，利用有向箭头标识该节点的输出，仅需关注每个节点本身的输出即可。例如，"预订"节点作为起始节点，仅关注其输出，即下一个处理节点"已支付"，"已支付"节点仅关注其输出，下一步可到"已出票"或"已取消"两个节点。每个节点能够达到的下个节点规则都是根据被测对象的需求规格确定的。

根据状态迁移图绘制状态迁移树如图7-14所示。

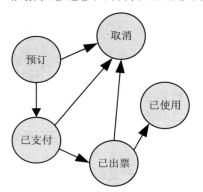

图7-13　飞机售票系统状态迁移图

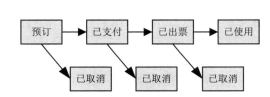

图7-14　飞机售票系统状态迁移树

根据状态迁移树，抽取测试路径，每个叶子节点构成一条路径，则图7-14可抽取4条路径。

路径1：预订—已取消
路径2：预订—已支付—已取消
路径3：预订—已支付—已出票—已取消
路径4：预订—已支付—已出票—已使用

4条路径分别构成4条测试规则，需注意的是，仅仅是构成4条规则，针对每个节点的功能仍需通过等价类及边界值进行功能验证，状态迁移设计法不保证单个功能点的正确性，仅保证状态间的转换是否与需求描述一致。

【案例7-11　文本编辑器字体颜色用例设计】

文本编辑器中的字体颜色共有3种：黑、红、蓝，利用状态迁移图设计用例。

分析上述需求，字体颜色共有3种状态：黑、红、蓝，假定黑色为起始状态，则状态迁移图如图7-15所示。

根据状态迁移图绘制状态迁移树如图7-16所示。

针对"红"而言，该节点的下一节点是"黑"和"蓝"，"黑"为起始节点，不需继续扩展，"蓝"在前一节点已经出现，故也不做扩展。通过状态迁移树可看出，共有4个叶子节点，可得4条路径，分别如下。

路径 1：黑—红—黑

路径 2：黑—红—蓝

路径 3：黑—蓝—红

路径 4：黑—蓝—黑

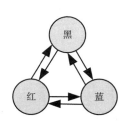

图 7-15 字体颜色状态迁移图

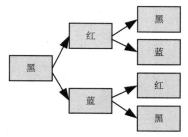

图 7-16 字体颜色状态迁移树

在实际测试过程中，可将被测字体的颜色根据上述 4 条规则进行变化，看能否正确实现功能。

7.3.9 场景设计法

目前软件行业内的大多数业务软件基本都由用户管理、角色管理、权限管理、工作流等几个部分构成。作为被测对象的终端用户，期望被测对象能够实现他们的业务需求，而不是简单的功能组合。因此针对单点功能利用等价类、边界值、判定表等用例设计方法能够解决大部分问题，但涉及业务流程的软件系统，采用场景设计法是比较恰当的。

微课 7.11 场景分析法

现在的软件几乎都是用事件触发来控制业务流程的，事件触发时的情景形成场景，而同一事件不同的触发顺序和处理结果形成事件流。这种在软件设计方面的思想也可以引入软件测试中，从而比较生动地描绘出事件触发时的情景，有利于测试设计者设计测试用例，同时使测试用例更容易理解和执行。

1．场景业务流分类

针对场景业务流，通常可分为基本流、备选流及异常流 3 种业务流向。基本流表示输入经过每一个正确的流程运转最终达到预期结果，备选流表示输入经过每一个流程运转时可能产生异常情况，但经过纠正后仍能达到预期结果，而异常流表示输入经过每一个流程运转时，产生异常终止的现象。基本流和备选流，通常作为业务流程测试过程中优先级较高的测试分支，应详细设计定义。异常流作为可靠性健壮性用例亦需同步考虑。

2．场景分析法应用流程

场景分析法的基本流程如图 7-17 所示。从图中可以看出，基本流从流程开始直至流程结束，中间无任何异常分支，往往表述一个正向的业务流程，也是优先级较高的流程。备选流尽管在流程流转过程中出现了异常，但仍能回到基本流主线，如备选流程 1 及备选流程 2，最终仍能回归基本流，直至流程结束，而异常流，如异常流程 1 及异常流程 2，在基本流或备选流基础上出现了异常，并最终异常结束业务流程。在实际测试过程中，有些公司仅划分基本流和备选流，但流程较为复杂，如存在多级审批会签时，最好加入异常流的分析步骤。

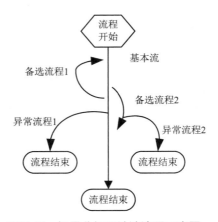

图 7-17　场景分析设计法流程示意图

从图 7-17 中可以看出，共有 8 个业务场景。

场景 1：基本流

场景 2：基本流—备选流程 1—基本流

场景 3：基本流—备选流程 2—基本流

场景 4：基本流—异常流程 1

场景 5：基本流—备选流程 2—异常流程 2

场景 6：基本流—备选流程 1—备选流程 2—异常流程 2

场景 7：基本流—备选流程 1—备选流程 2—基本流

场景 8：基本流—备选流程 1—异常流程 1

确定场景时需关注流程的入口，重复的节点不可作为新的场景，每个场景应包含从未包含的节点。如果基本流—备选流程 2—备选流程 1—基本流程与基本流—备选流程 1—备选流程 2—基本流程实际上是同一个流程，则不可算作新的场景流程。

上述例子中，从场景分析角度来看，共有 8 个场景，构成了至少 8 条测试规则，但在实际使用过程中，针对每个节点在设计用例时需考虑其成立的条件，利用等价类及边界值进一步细化测试规则及路径，从而提取用例。与状态迁移法类似，场景分析法不验证单个功能的正确性，在实际使用时需注意。

运用场景设计法设计用例时，首先需清楚被测对象的需求规格说明，根据需求流程描述，抽取业务流程，绘制场景流程图。最终根据每个节点的需求，利用等价类及边界值方法细化路径，抽取测试用例。

【案例 7-12　嵌入式发送子流程用例设计】

某嵌入式系统，将待发送的数据打包成符合 CAN 协议的帧格式后，便可写入发送缓冲区，并自动发送。该发送子程序的流程如下。

（1）进入发送子程序。

（2）系统判断是否有空闲发送缓冲区，如果没有则返回，启动发送失败消息。

（3）如果有空闲缓冲区，将数据包写入空闲发送缓冲区。

（4）系统判断是否写入成功，如果不成功则返回，启动发送失败消息。

（5）如果写入成功，则启动发送命令。

（6）返回启动发送成功消息。

分析需求，被测对象业务流程共有进入发送子程序、判断空闲发送缓冲区、发送失败消息、写入数据、启动发送命令、启动发送成功消息 6 个流程节点，绘制场景流程图如图 7-18 所示。

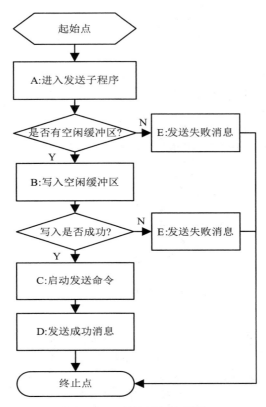

图 7-18 数据写入流程图

根据图 7-18 流程图设计用例，每一条路径构成一条用例规则。

场景 1：A—B—C—D（基本流）

场景 2：A—E（异常流）

场景 3：A—B—E（异常流）

利用场景设计法，该业务可设计 3 个流程用例进行测试。

【案例 7-13　字母判定功能用例设计】

某业务系统中，要求输入字符串第一列字符必须是 A 或 B，第二列字符必须是一个数字，在此情况下（只有这个时才）修改文件，但如果第一列字符不正确，则给出信息 L；如果第二列字符不是数字，则给出信息 M。

根据需求分析，绘制流程图如图 7-19 所示。

根据图 7-19 场景流程图，提取路径如下。

场景 1：A—B（也可分为两条路径，即第一列是 A 和第一列是 B 这两种）

场景 2：A—C

场景 3：A—D

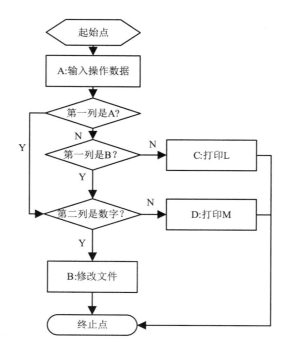

图 7-19　字母判断场景流程图

设计用例如下。

用例 1：输入数据，第一列是 A，第二列是数字，修改文件。

用例 2：输入数据，第一列是 B，第二列是数字，修改文件。

用例 3：输入数据，第一列不是 A，也不是 B，打印 L。

用例 4：输入数据，第一列是 A，第二列不是数字，打印 M。

用例 5：输入数据，第一列是 B，第二列不是数字，打印 M。

微课 7.12　语句覆盖

如果利用等价类及边界值方法，用例 3、用例 4 及用例 5 仍可细化。例如，第一列不是 A 或 B，是其他字符的话，可以从其他字母、特殊符号、数字、汉字等角度划分无效等价类补充用例。

7.3.10　语句覆盖

语句覆盖，是白盒测试中经常使用的一个覆盖测试方法，要求对被测代码的每条语句都覆盖。所谓的语句，一般指除了注释、空行外的代码。

【案例 7-14　业务代码语句覆盖率计算】

```
if (a>1 && b==0)
x=x/a;
if(a==2 || x>1)
x=x1;
```

上述代码包含两个 if 语言，在某些编程语言中判定当作可执行语句，因此可分为两种情况，即上述代码有 4 条语句或 2 条语句（假设判定不算语句）。画出上述代码对应的程序流程图，如图 7-20 所示。

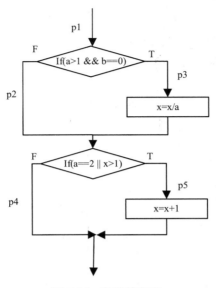

图 7-20　程序流程图

语句覆盖的要求是每条语句都需覆盖，针对这样的需求，可设计用例如下。

Case1：a = 2、b = 0、x = 3

Case1 运行路径为 p1、p3、p5。覆盖了所有的语句，因此语句覆盖计算如下。

语句覆盖率：4/4=100%

如果判定不算语句，则如下。

语句覆盖率：2/2=100%

从上述覆盖率计算过程不难看出，语句覆盖仅仅覆盖了相关的语句，但（p1、p2、p4）、（p1、p3、p4）、（p1、p2、p5）三条路径未能覆盖，因此可能造成漏测。

语句覆盖是白盒测试所有方法覆盖性最弱的一种覆盖测试方法。

7.3.11　判定覆盖

被测程序中如果包含判定，通常为 if 语句，则需将该条件的真假取值都覆盖到。

【案例 7-15　业务代码判定覆盖率计算】

以图 7-20 为例，两个 if 语句，各自去真假值，则有 4 个分支需覆盖。若以路径划分，则可分为（p1、p2、p4）、（p1、p3、p5）、（p1、p2、p5）及（p1、p3、p4）。判定覆盖，则需覆盖 FFTT 或 FTTF，即为（p1、p2、p4）、（p1、p3、p5）或者（p1、p2、p5）、（p1、p3、p4）。根据上述分析，可设计两条测试用例达到 100%判定覆盖。

微课 7.13　判定覆盖

```
Case1: A = 1, B = 0, X = 1, 覆盖（p1，p2，p4）
Case2: A = 2, B = 0, X = 3, 覆盖（p1，p3，p5）
```

7.3.12　条件覆盖

与判定覆盖不同的是，条件覆盖虽然也关注的是 if 语句，但条件覆盖考察的是判定中每个条件的真假覆盖情况，要求针对判定中每个条件的真假都覆盖到。

【案例 7-16　业务代码条件覆盖率计算】

以图 7-20 为例，被测对象共有两个判定，每个判定中有两个条件，每个条件取真假值，因此共有 8 个值需覆盖，覆盖率取值表如表 7-26 所示。

表 7-26　条件覆盖取值表

条件	取值
a>1	T1
	F1
b=0	T2
	F2
a=2	T3
	F3
x>1	T4
	F4

根据上表分析，设计以下用例即可达到 100%条件覆盖。

```
Case1: a=1, b=0, x=3, 覆盖 p1、p2、p5 路径, 覆盖条件取值为 F1T2F3T4;
Case2: a=2, b=1, x=1, 覆盖 p1、p2、p5 路径, 覆盖条件取值为 T1F2T3F4;
```

从上述用例可以看出，虽然走了相同的路径，但在条件覆盖上是不同的，每个条件的真假值都被覆盖了。

7.3.13　判定条件覆盖

判定条件覆盖，则是判定覆盖与条件覆盖的迭代，即被测对象的所有判定及条件所取的真假值至少被覆盖一次。

【案例 7-17　业务代码判定条件覆盖率计算】

同样以图 7-20 为例，设计用例如下。

```
Case1: a=2, b=0, x=3, 覆盖路径 p1、p3、p5, 覆盖判定及条件取值为: T1T2T3T4
Case2: a=2, b=1, x=1, 覆盖路径 p1、p2、p5, 覆盖判定及条件取值为: T1F2T3F4
Case3: a=1, b=0, x=3, 覆盖路径 p1、p2、p5, 覆盖判定及条件取值为: F1T2F3T4
Case4: a=1, b=1, x=1, 覆盖路径 p1、p2、p4, 覆盖判定及条件取值为: F1F2F3F4
```

上述用例达到了 100%判定条件覆盖，但从路径角度而言，遗漏了 p1、p3、p4，仍然存在漏测风险。

7.3.14　路径覆盖

语句覆盖、判定覆盖、条件覆盖和判定条件覆盖这四种覆盖方法都在一定程度上进行测试路径的覆盖，但每种方法都无法做到 100%路径覆盖，都存在漏测的风险，而被测对象要得到正确的结果，

按照预期的行为去运行，就必须保证被测对象的每一条路径都经过测试，才能使被测对象受到全面的验证。

路径覆盖期望将被测对象的所有路径都能验证到，对于比较简单的代码而言，实现 100%路径覆盖是可能的，但如果代码中出现较多判定和较多循环时，路径数目将急剧增长，要在测试中覆盖所有路径几乎不可能或投入成本可能很高。有必要把覆盖路径数量压缩到一定的限度内。

路径覆盖在程序控制流图基础上，通过分析控制结构的环形复杂度，导出执行路径的基本集，再从该基本集设计测试用例。基本路径测试方法包括以下 4 个步骤。

（1）画出程序的控制流图。

（2）计算程序的环形复杂度，导出程序基本路径集中的独立路径条数，这是确定程序中每个可执行语句至少执行一次所必需的测试用例数目的上界。

（3）导出基本路径集，确定程序的独立路径。

（4）根据（3）中的独立路径，设计测试用例的输入数据和预期输出。

【案例 7-18　闰年算法路径覆盖率计算】

闰年计算算法如下。

```
Int IsLeap(int year)
{
if (year % 4 == 0)
{
  if (year % 100 == 0)
  {
   if ( year % 400 == 0)
    leap = 1;
   else
    leap = 0;
   }
  else
    leap = 1;
  }
else
  leap = 0;
return leap;
}
```

画出其程序流程控制图，如图 7-21 所示。

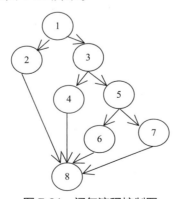

图 7-21　闰年流程控制图

每个圆圈表示代码中的逻辑语句，如下所示。

```
1: if (year % 4 == 0);
2: leap = 0;
3: if (year % 100 == 0)
4: leap = 1;
5: if ( year % 400 == 0)
6: leap = 1;
7: leap = 0;
8: return leap;
```

接下来计算圈复杂度，根据公式：

```
V(G)=E-V+2P
```

其中 E 表示程序控制流程图中边的数量，V 表示流程图中节点的数量，P 则表示流程图中连接组件的数量。图 7-21 所有组件是相通的，没有独立的部分，因此 P 为 1。

综合上述，E=10，共计有 10 条边，即连接线，V=8，共计有 8 个节点，即 8 个圆圈，则圈复杂度为：

```
V（G）=10-8+2*1=4
```

即图 7-21 可归结为四条基本路径：

```
P1：1、2、8
P2：1、3、4、8
P3：1、3、5、6、8
P4：1、3、5、7、8
```

根据以上 4 条基本路径设计测试用例如下。

```
Case1: 不能被 4 整除：1999
Case2: 能被 4 整除，能被 100 整除，能被 400 整除：2000
Case3: 能被 4 整除，能被 100 整除，不能被 400 整除：1900
Case4: 能被 4 整除，不能被 100 整除：2004
```

实训课题

1. 独自完成本章所有案例用例设计。
2. 查阅资料，完成 ALM 或禅道系统搭建，并完成本章所有案例测试用例设计。

第 8 章　阶段与同行评审

本章要点

介绍在软件研发活动中常采用的阶段评审及同行评审活动，根据评审对象、评审阶段的不同，选择恰当的评审方式，从而有效地降低缺陷发现过晚的风险。

学习目标

1. 掌握什么是阶段评审。
2. 掌握阶段评审流程。
3. 掌握什么是同行评审。
4. 掌握同行评审中正规检视的操作方式（严谨负责）。
5. 了解同行评审过程常见错误。

8.1　阶段评审定义

软件评审，IEEE 定义为"一种对软件元素所做的正式的、同行间的评审活动，其目的在于验证软件元素满足其规格说明，并能符合标准的要求"。CMMI 中要求按照已文档化的规程在所选择的项目里程碑处（阶段成果）进行正式评审，通过此活动评价软件项目的完成情况和结果。只有前一阶段的输出物通过验证评审无误后，才能开展后续活动。阶段评审活动可根据实际软件生产活动的需求定期或临时发起。

阶段评审通常从项目的人力资源、物力资源、资金状况、风险、技术、规模、进度等因素评审项目的状态并确定软件生产活动是否可以进入下一阶段。

8.2　阶段评审流程

阶段评审活动一般包括评审问题定义、评审流程实施、角色职责定义、评审结果跟踪等几个环节。

8.2.1　评审问题定义

为了更有效地进行阶段评审，需在评审前确定会议的关注点，如项目或产品生产进展、项目或产品风险、配置管理实施是否到位、基线化工作是否正确、项目或产品成本或进度是否可以接受等。

针对具体的产品或项目，可在项目初期确定该产品或项目的评审问题，亦可临时确定评审问题，但不得晚于阶段评审会议前 24 小时。

8.2.2　评审流程实施

阶段评审活动一般包括阶段评审计划制定、阶段评审活动准备、阶段评审活动实施和阶段评审结果跟踪等几个环节。

1.　评审参与人员确定

实施阶段评审活动前，需确定参与评审的人员，固化后形成稳定的评审小组，负责不同阶段的评审活动。评审人员可称为评审专家。

一般而言，评审小组人员由公司部门经理，如研发部经理或总监、技术部经理或总监提议，项目或产品组经理从客户代表、委托方、项目或产品经理或主管、公司技术架构师、QA、测试经理等相关人员中选择。一般 3~6 个人，类似于同行评审。常规而言，一般由架构师、客户代表、项目经理、研发经理、SQA、测试经理、业务专家等人构成。需注意的是，所挑选的人员必须直接参与被评审对象的生产活动。

2.　阶段评审计划制定

通常情况下，项目经理负责制定阶段评审计划，明确每个阶段的里程碑目标，确定评审时间，评估评审活动所需资源，包括人力资源、物力资源及财力资源。

在计划准备阶段，项目经理可从配置管理库中提取评审资料，如项目计划、测试报告、配置审计报告等相关成果物。根据不同阶段关注的不同问题，确定对应的评审资料，如系统测试阶段评审，可能需提取需求变更列表、系统测试报告、缺陷列表、测试版本说明等。

3.　阶段评审活动准备

确定评审计划后，阶段评审组织者需准备相关评审资料，由项目经理或技术委员会确认资料是否齐备，时机是否适当，如果通过审核，组织者需与项目经理确定评审日期、评审议程等，并发送评审资料及通知参与评审会议相关人员评审日期。

评审专家接收到评审资料后，根据自身团队工作进展及状态，给出评审意见，并在约定时间内以统一格式发送给组织者，一般评审准备阶段与评审会议间隔不得少于 5 小时。

组织者接收到评审意见后进行整理，将重复的意见标注并合并，若评审专家未能按照计划完成评审，则报批项目经理是否推迟评审会议。组织者需在评审会议前 3 小时给出结果，从而确定是否正常开展阶段评审活动。

4.　阶段评审活动实施

若无问题，评审活动正常开展，组织者组织评审会议，参与者根据各自意见进行表述，组织者记录问题。

在此过程中，不同角色人员可根据职责不同，报告目前对应的项目进展，如测试经理可报告目前测试活动进展情况、开发经理报告目前开发活动进展情况，项目经理根据本阶段要达成的目标、目前实现情况判断是否需要进一步推进，进入下一个阶段。

会议上各部门参与者发表及确定阶段评审意见，组织者记录勘误后，需发布评审意见。

5.　阶段评审结果跟踪

通过评审会议，各部门发表本阶段意见，项目经理根据评审意见决定项目是否进入下一生产活动，通常情况下有 3 种评审结果。

（1）无条件接受

每个阶段结果输出物都满足预先定义目标，可以开展下一个预定生产活动。

（2）有条件接受

存在一些问题，但可以开展下一个预定生产活动，但必须完成相关的纠正活动。

（3）不接受

产品或项目没有实现本阶段的预期目标，无法根据计划开展下一个预定生产活动，需投入更多时间或人力成本纠正相关问题，或者根据合同重新确定项目规模或终止项目。

8.2.3 角色职责定义

阶段评审活动中常见的参与角色主要有项目经理、评审组织者、评审专家等。

1．项目经理

项目经理负责参与人员选择（可由更高级别人员选择）、制定阶段评审计划、监督执行阶段评审意见。

2．评审组织者

评审组织者负责组织评审会议、与项目经理确定评审会议日程、分发评审会议资料、记录和发布评审意见。

3．评审专家

评审专家准备评审意见、参加评审会议，提出和确定评审意见，执行评审意见，配合项目经理完成监督活动。

8.3 同行评审定义

同行评审（Peer Review）是一种通过评审对象作者同行确认缺陷和需要变更区域的检查方法。在复杂的软件生产活动中，作者作为一个个体很难保证在其生产活动中完美无纰漏，也不能保证其自身能够发现相关问题，因此开展同行评审活动能够最大限度地避免遗漏问题出现，从而降低产品或项目风险。与阶段评审活动不同的是，同行评审活动在定义项目软件过程时，即被确定并且安排在软件开发计划中。同行评审活动开展得越早越好，便于早期发现缺陷，从而去除缺陷，降低成本和产品或项目风险，提高质量。

同行评审一般包含正规检视、技术评审、走读 3 种类型的评审活动。

8.3.1 正规检视

正规检视是在软件开发过程中发现、排除软件在开发周期各阶段存在的错误、不足的过程，是一种软件静态测试方法，其生存周期为软件的开发周期，应用于开发过程中产生的（非阶段性）软件文档和程序代码，具有规范、易组织、高效等特性。

正规检视活动不同于其他类型的同行评审活动，其遵循严格的过程，评审参与人员经过规范细致的流程、职责培训，检视过程有明确细化的评估标准。

正规检视的评审对象是实际的产品或者半成品，目的是发现存在的错误。评审参与人员通常来自开发部门、测试部门、质量保证部门或者用户。需注意的是，正规检视不能代替阶段评审、静态检查或者测试。

8.3.2 技术评审

技术评审是由一个正式的评审组对产品或项目从需求、标准符合角度进行评价。它确认任何与规格和（或）标准不一致的地方，或在评审验证后给出可变更的处理方法，或者包含这两者。技术评审的严格程度没有正规检视那么严格。技术评审的参与者包括作者和产品技术领域内的专家。

技术评审是为了确认和裁决技术问题，如变更的确认等，不是为了发现问题，无正规流程，一般在技术小组内部开展，如开发团队针对某个算法优化方法进行技术评审，结合专家的建议选择最优算法优化方案。

8.3.3 走读

开展走读活动的目的是评价一个产品或项目（通常是该产品或项目的软件代码）是否存在错误。走读一直以来都与代码检查联系在一起，当然走读也可以应用到产品或项目的其他成果物，如概要设计、详细设计、测试计划等文档。走读的核心目标是发现缺陷。除此之外，还可包括技术交流、技术培训等。走读活动一般无正规流程，相对于正规检视与技术评审而言，走读形式最自由，参加者不一定为技术专家，一般是两两交换走读。通过走读活动，通常可以指出代码中效率和可读性等方面的问题。

8.4 同行评审流程

在同行评审活动中，正规检视是最规范、最有效率的形式，因此正规检视在同行评审活动中经常被用到，其常见实施流程如图8-1所示。

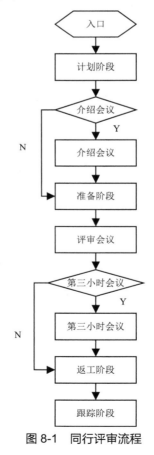

图8-1 同行评审流程

8.4.1　计划阶段

正规检视计划阶段工作的核心目标是确定本次正规检视的评审专家及相关参与人员、检视对象、资料、时间安排、会议地点等事项。一般由产品或项目负责人指定会议组织者，而会议组织者需制订出本次正规检视的详细计划。

组织者在计划阶段需要完成以下一系列工作。

1.　确定开始本次正规检视的条件是否成熟

组织者需关注被检视对象是否已经达到检视要求，是否成立了经过正规检视培训的检视小组，检视小组成员的时间安排已经明了等。

2.　确定是否需要产品介绍会议阶段

若检视小组成员是第一次参加本检视对象检视活动，或被检视对象是第一次进行正规检视，则可能需要介绍会议，组织者根据实际情况裁定，检视小组成员亦可根据需要请求召开介绍会议。

3.　确定检视小组每个成员的职责

检视小组每个成员在本次检视会议中的职责需在本阶段明确，通常情况下检视小组成员的职责是明确的，有新进人员时需单独培训。当检视对象有特殊性时，可再次明确强调职责。

4.　确定介绍会议的时间、地点（可选）

确实需召开介绍会议时，组织者需确定介绍会议的时间及地点，并通知检视小组成员。

5.　确定检视会议的时间、地点

了解检视小组成员的日程事项安排后，与项目经理沟通，从而确定检视会议的时间及地点。

6.　通过检视通知单通知每个工作人员

发送检视通知邮件给检视小组成员，并确认对方收到（可使用邮件阅读回执功能）。

7.　分发正规检视资料袋

整理准备好正规检视资料袋后，可通过邮件发送给检视小组成员，并确认对方收到。

8.　估算检视时间及记录计划阶段所花费时间

组织者需估算本次检视大致时间花费，记录计划阶段所花费时间，便于后期分析检视效率及改进点。

计划阶段组织者需根据检视对象及与之相关的材料，整理出资料袋，编写通知单。资料袋中通常包括：检视通知单、检视对象（代码、文档片段等）、参考资料（可包括技术文档、标准和准则、以前正规检视的经验报告等）、问题单（可利用缺陷管理工具）、查检表。

确定介绍会议的时间、地点（如需要介绍会议时），检视会议的时间、地点，每个检视小组成员的职责已分配，资料袋已发放，整个过程已记录时，计划阶段即完成。根据需要，组织者召开介绍会议，否则进入准备阶段。

8.4.2　介绍会议

介绍会议在正规检视活动中非必需阶段，当检视对象第一次做检视，检视小组成员第一次参加，检视对象技术含量较高或检视对象风险级别较高时，组织者可组织介绍会议。

在介绍会议上，作者向检视小组成员介绍检视对象的概况、关键技术、在系统中地位、

风险等方面内容。

介绍会议时间不宜太长，一般 30~60 分钟，所有检视小组成员必须参加，当然非检视小组成员也可参加，建议测试工程师在条件允许时旁听介绍会议，加深理解检视对象信息。在介绍会议上，仅由组织者主持会议，记录员记录相关信息，作者介绍，检视小组成员听，不进行细节讨论。

介绍会议通常情况下需要组织者发放资料袋，检视小组成员确认收到后的 4 小时后再进行，以保证检视小组成员初步了解检视对象，快速理解介绍会议作者介绍内容，从而提高介绍会议效率。

8.4.3 准备阶段

召开介绍会议，检视小组成员了解检视对象后，即进入检视准备阶段。在准备阶段，检视者需根据检视检查表对检视对象进行详细深入的检查，以期发现问题，填写问题单。检视者必须真正完成检视工作，切忌随意表面。

检视者根据组织者发放的资料袋检视对象，发现的每一个问题可记录在问题单或缺陷管理系统中，检视完成后，检视者记录本次检视活动的大致时间，并提交问题单给组织者。如果检视过程中出现问题或无法完成检视活动的情况，需及时告知组织者。

准备阶段一般花费时间为 5 小时，不宜太短或过长，检视对象如代码一般小于 500 行，文档一般在 40 页以内，如果太多，可分多次，切忌一次太多检视对象导致检视不充分，发现问题不彻底，失去检视意义。准备阶段结束时间与评审会议间隔不少于 4 小时。

在准备阶段需要注意的是，评审对象是工作产品，不是作者，在现实实施过程中，评审会有时变成了批斗会，这是极其错误的。故在实施过程中，检视对象作者的直接上级一般不参与检视会议。

【案例 8-1 需求规格说明书评审】

在检查过程中，可使用《软件需求规格说明书评审检查单》进行检查，如表 8-1 所示。

表 8-1 需求规格说明书评审查检单

项目编号		责任人	
检查者		检查日期	
序号	检查项	执行情况	说明
1	是否所有的分配需求都在 SRS 中体现	Yes 是[ ] No 否[ ] NA 免[ ]	
2	在 SRS 中定义需求时，是否避免使用那些会引起歧义的术语，诸如也许、可能等，每条需求都清晰无歧义	Yes 是[ ] No 否[ ] NA 免[ ]	
3	是否在 SRS 中清楚地描述了软件要做什么及不做什么	Yes 是[ ] No 否[ ] NA 免[ ]	

续表

序号	检查项	执行情况	说明
4	是否在 SRS 中描述了软件使用的目标环境，指明并简短描述了目标环境中其他相关软件产品/子系统/模块	Yes 是[ ] No 否[ ] NA 免[ ]	
5	是否每一个具体需求都有唯一的编号	Yes 是[ ] No 否[ ] NA 免[ ]	
6	每一个需求是否切实可行、可测试、前后一致、彼此不冲突	Yes 是[ ] No 否[ ] NA 免[ ]	
7	是否在 SRS 中说明了对每个输入的验证措施，并描述了每个输入的属性，如度量单位、边界值、时序要求等	Yes 是[ ] No 否[ ] NA 免[ ]	
8	是否在 SRS 中说明了对每个输入的处理	Yes 是[ ] No 否[ ] NA 免[ ]	
9	是否在 SRS 中说明了每个输出项是如何输出的，并且描述了每个输出的属性，如度量单位、边界值、时序要求等	Yes 是[ ] No 否[ ] NA 免[ ]	
10	是否在 SRS 中描述了软件所有的性能需求	Yes 是[ ] No 否[ ] NA 免[ ]	
11	是否性能需求的描述能通过测试来进行验证	Yes 是[ ] No 否[ ] NA 免[ ]	
12	是否在 SRS 中说明了所有对系统可能的约束	Yes 是[ ] No 否[ ] NA 免[ ]	
13	质量属性是否以可测量或可验证的术语进行描述	Yes 是[ ] No 否[ ] NA 免[ ]	

续表

序号	检查项	执行情况	说明
14	是否在 SRS 中描述了系统中与其他子系统、模块或硬件设备的相关接口	Yes 是[ ] No 否[ ] NA 免[ ]	
15	是否对每个接口的描述都足够清楚，实现时不需更多解释	Yes 是[ ] No 否[ ] NA 免[ ]	
16	是否在 SRS 中描述了与操作系统的接口	Yes 是[ ] No 否[ ] NA 免[ ]	
17	是否在 SRS 的附录中记录了分配需求可行性的分析结果	Yes 是[ ] No 否[ ] NA 免[ ]	
18	是否项目 SOW 文档中所对应的分配需求都在 RTM 中体现	Yes 是[ ] No 否[ ] NA 免[ ]	

通过检查，可发现需求存在以下几类错误。

（1）每 10s 的正常周期是多少？具体间隔为多少？

（2）状态信息包含哪些部分？格式如何？以何种格式展示？

（3）需及时反馈，如何是及时，如何判定？

（4）错误内容具体是什么？格式如何？在何处显示？

以上需求错误在准备阶段即可发现，发现后填写问题单，便于后续的评审会议进行评审。

8.4.4 评审会议

检视小组成员在准备阶段发现检视对象相关问题后，组织者可根据计划组织评审会议，确认、分类和记录检视对象中存在的问题，当存在无法确定的问题时，可由检视者提出处理这些问题的途径。需注意的是，会议上仅确认、分类、给出问题解决方法建议，不解决任何问题。

评审会议是正规检视活动非常重要的环节，会议开始时，组织者介绍参加检视会议的人员，讲解员从头至尾向检视小组讲解检视对象，发现、确认和分类存在的缺陷。对问题可根据严重程度、查检表规定和错误类型进行分类，或依照公司相关标准分类。记录员将已确认的问题记录在审查列表中，对无法确认的问题提出处理途径，归纳、总结已达成一致意见的问题，确定是否需要对本检视对象重新做正规检视，确定是否举行第三小时会议，估计修改缺陷的时间和需要的人力、时间，对无法确认的问题的处理也要进行估计，如需要，指定填写问题更改请求报告或问题报告的责任人，组织者将本阶段所花费时间的记录在检视综合报告中。

评审会议阶段的核心目的是发现及确认问题，仅对检视对象做出评价，不可评价作者的能力。评审会议时间控制在 2 小时以内为宜。当评审过程中产生争执现象时，组织者应及时制止。评审过程中不允许临时替换检视者。之前提到，检视对象作者的直接上级不可参与评审会议。

8.4.5　第三小时会议

第三小时会议与介绍会议都属于可选阶段，评审会议时，问题有争议或无法确认，同时评审会议超期时，可由组织者根据检视者、作者的意见决定召开第三小时会议。

第三小时会议的目的是处理有争议或无法确认的问题，根据需要还可以讨论相关问题的解决方法和改进建议等。

8.4.6　返工阶段

返工阶段可称为错误修改阶段，本阶段中，作者针对评审会议中发现确认的问题进行修改，类似于缺陷修复活动。问题修复后，作者需更新检视会议上生成的问题清单，便于后续的跟踪确认活动。在部分公司，正规检视过程中产生的问题利用缺陷管理工具进行管理。

8.4.7　跟踪阶段

当作者将相关问题修复后，组织者可将更新后的问题清单发送给相关检视者，组织检视者确认各缺陷都得到了修改，并且没有引入新的缺陷。

组织者组织检视者在评审会议上确认问题是否已经修复，或者类似于评审准备阶段，提前发放给检视者确认。确认无误后，组织者将评审资料袋归档。

组织者将整个检视活动所花费的时间记录下来，并判断某个环节是否可以优化，再次评审时可进一步提高效率。

8.5　同行评审角色定义

在同行评审过程中，主要涉及检视小组、组织者、作者、检视者、讲解员、记录员等多个角色。

8.5.1　检视小组

正规检视小组通常较小，类似于配置管理活动中的配置控制委员会（Configuration Control Board，CCB），在软件研发活动中，一般与设计、开发、测试、质保、配置管理等不同部门中的工作性质相关，由对产品或项目关心的人员组成。在实际运作时，产品或项目的用户也可作为小组成员。小组成员规模一般维持在 3~6 人。检视小组根据需要检视产品或项目的开发文档、代码等，也可根据需要检视具体的技术实现等，在一个完善的检视小组中，具有不同技术领域经验的成员是最佳组合。具有不同知识体系、技术背景和产品或项目经验组合的检视小组，每个检视者都从他们自己的观点出发检查产品，有益于发现很隐蔽的错误。

针对具体的检视对象，挑选小组成员时，一般使用直属相关性关系进行选择，如评审某贷款发放详细设计文档，可邀请该设计文档作者同项目团队的测试经理、技术架构师、资深业务分析人员参与。

8.5.2　组织者

组织者主持、运作整个检视活动，其必须明白正规检视的目的、在开发过程中的作用和重要性，熟悉规范的正规检视流程，能够培训参与者，能对检视对象进行客观的检视，不进行人身攻击（或引导攻击），具有作为作者或检视人员参加过正规检视的经验，领导能力必须得到检视小组成员的认可。

组织者需在整个检视活动中与作者、检视者、记录员保持高效的沟通，当出现问题后，能够快速响应并做出正确的裁决。

在部分公司里，组织者由项目经理指定，可由软件质量保证（Software Quality Assurance，SQA）人员担任。

8.5.3　作者

作者作为检视对象的开发者，在检视会议中，一般负责检视对象的讲解及返工阶段的问题修复。

组织者在整理准备评审资料袋时，作者可向组织者提供检视对象及相关的资料文档。在返工完成后，需及时更新问题列表，便于检视者完成确认验证活动。

8.5.4　检视者

负责检视活动中检视对象的检视，发现问题或不足，参加每个阶段会议，圆满完成每个阶段的工作目标，公正、公平判断检视对象存在的问题，切忌评估检视对象作者的能力。

检视者一般由资深测试、开发、业务、设计人员担任，在检视对象业务、技术领域内有一定的经验。

8.5.5　讲解员

讲解员负责介绍检视对象。在检视会议前，讲解员需深入掌握检视对象，便于在检视会议上为检视者详细介绍，在问题确认分类环节，讲解员在有需要的情况下，提供简单易懂的辅助资料便于定性问题。

一般而言，讲解员可由检视对象作者担任。

8.5.6　记录员

记录员在检视会议召开过程中，需详细、准确无误地记录已确认的问题，对于未定的问题，也需详细记录，便于第三小时会议使用（如有需要）。

记录员需理解每一个问题分类，便于在记录过程中快速归类，当检视会议结束后，需协助作者、组织者完善问题列表。

一般而言，在正规检视活动中，讲解员与记录员、开发者与记录员、组织者与记录员可以兼任，但开发者与组织者不可兼任。

8.6　同行评审常见错误

同行评审是软件研发活动中非常重要的一种发现问题的手段，在众多公司实施时，可能存在以下一些错误行为，如不做计划随意开展、专家选择不合适、准备阶段不充分等。

1. 不做计划随意开展

评审过程随意，未能按照规范做出计划，根据项目经理需求随机开展，在实际操作过程中有太多未知事件出现，从而导致效果无法监控，评审效果无法保证。

2. 专家选择不合适

为了组建评审小组而组建，选择不恰当的专家，无经验，或不相关的利益方，从而导致评审效果、效率下降，甚至失败。

3. 准备阶段不充分

检视者评审不充分，或因各种原因未能实施评审活动，但因评审会议要召开，随意、胡乱填写相关问题单，无法保证评审对象细致地检测，耗时却增加问题隐藏的风险。

4. 评审会议偏离主题

评审内容过多，无法聚焦，或组织者未能在计划阶段明确评审目的及对象，导致偏离主题，评审时关注点从评审对象迁移到作者，从而评估作者的开发能力。

5. 评审会议争论太多

问题争论太多，组织者领导力不够，无法平息无谓争论，从而导致会议时间延长，评审效果下降。

6. 问题修改不力

问题经过评审确认分类后，作者未能在规定的时间内修复问题，缺乏有效的监督手段，使得问题不断延期，失去评审意义。

7. 问题跟踪不力

问题修复后，组织者未能及时有效地组织检视者开展跟踪验证活动，从而导致问题失控，对检视对象质量无法正确评估，从而延误项目周期，增加项目风险。

8.7　同行评审与阶段评审区别

同行评审与阶段评审相比，主要区别在于关注点、评审目的、评审方式及参与评审人员不同。

1. 评审关注点不同

同行评审更侧重于技术实现和工件开发。阶段评审关注于产品或项目的进度管理，通过阶段评审了解项目的进展情况，从而控制产品或项目生产过程质量及不同阶段的里程碑实现情况。

2. 评审目的不同

同行评审是对软件元素进行评审，尽早发现软件元素的缺陷，并且对缺陷进行跟踪和分析。阶段评审是对项目不同阶段不同状态进行评审，从而决定是否继续下一个阶段。

3. 评审方式不同

同行评审可以是正式的会议评审（正规检视、技术评审），也可以是非正式的评审，如代码走查、检视等。阶段评审是正式的会议评审。

4. 参与评审人员不同

同行评审主要由同行担任，如受影响的项目组成员、具有同等开发专业技能并熟知被评审对象的人员。阶段评审一般由产品或项目外部用户担任，如用户代表、项目经理、部门经理等。

实训课题

针对案例 8-1 分组练习同行评审流程。

第 9 章　Web 测试技术

认识信息安全

本章要点

Web 系统是现在众多软件系统中最重要的系统模式，本章通过介绍软件结构、网络协议、网络模型及常用 Web 系统测试技术，如功能测试、前端性能测试、安全测试、兼容性测试、接口测试等，使读者全面了解并掌握 Web 系统测试的方法。

学习目标

1. 理解什么是 B/S、C/S 结构。
2. 掌握 Web 网络协议，如 HTTP（安全意识）。
3. 理解 OSI、TCP/IP 网络模型。
4. 掌握常见 Web 测试方法并应用于实际项目。

9.1　软件结构

从软件应用角度，软件可分为金融软件、移动互联软件、通用软件、手游/页游软件、系统软件等。软件系统在设计时通常采用 B/S 或 C/S 结构。随着 IT 应用的不断发展，软件结构设计也发生了巨大的变化，从单纯的 B/S、C/S 结构，演变为 C/S 为底层支撑平台，B/S 或嵌入式实现展示等多种组合形式。软件测试工程师必须了解被测对象的系统结构，及其运行过程，只有更加深入地从原理性角度剖析被测对象，才能发现更多潜在的缺陷，降低产品的质量风险。

9.1.1　C/S 结构

客户端/服务器端（Client/Server，CS）通常可以理解为安装在 PC、手持终端等设备上的用户端，一般需要软件供应商提供。只有安装了客户端，才可以使用对应的软件服务，如 QQ、微信，京东商城手机 App 都可称为 C/S 结构。早期软件系统基本都为单机版，无法联网，大多数诞生于特定个体用户及其特定用途，随着网络技术的不断发展，软件系统逐渐演变为 C/S 结构，用户通过客户端软件提交业务请求，通过网络传输至服务器端，由服务器端进行业务处理，处理结束后再返回结果给客户端。C/S 结构软件示意图如图 9-1 所示（以 QQ 为例）。

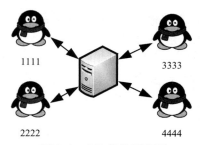

图 9-1 C/S 结构示意图

每个 QQ 客户端通过各自的号码登录后，进行消息的收发，所有请求经过网络到服务器进行处理，处理后再发到对应的 QQ 客户端上。

当然，还有一些消息通信的软件，如飞秋、飞鸽传书等，可实现 P2P（Peer to Peer）功能，这类软件不需要经过服务器处理业务，可直接客户端到客户端传输，一般也属于 C/S 结构。

C/S 最简单的判断方法是使用某软件需安装客户端时，该软件即为 C/S 结构。

C/S 结构系统的服务器通常采用高性能的 PC、工作站或小型机（如 IBM 的小型机），一般建立在专用或者小范围的网络上，通常在局域网内通过专用服务器进行连接与数据交换服务，其面向特定的用户群体，安全性较强，可对权限进行多层级验证控制，对系统的运行速度考虑较少，同时系统的扩展性相对较差，代码模块重用性不高。

9.1.2 B/S 结构

浏览器/服务器端结构（Browser/Server，B/S）是目前互联网环境下应用最为广泛的系统结构。通常情况下，客户机上仅需安装一个浏览器终端，即可访问若干不同类型的 Web 服务。用户通过浏览器访问软件系统的 Web 展示信息，并通过 Web Server 与服务器进行信息交互，业务逻辑处理信息在服务器端完成。B/S 结构系统访问示意图如图 9-2 所示。

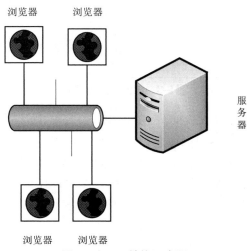

图 9-2 B/S 结构示意图

B/S 结构的软件系统一般建立在广域网上，比 C/S 结构的适用范围更广，无须安装客户端，但是安全性较差，如需实现严格的权限控制，则对系统的架构设计要求较高。

与 C/S 相比，B/S 结构的重用性则好得多，现在大部分的 Web 系统设计时都以模块化设计为主，组件、代码重用性高，非常利于系统的扩展升级。

B/S 结构软件在开发过程中一般使用.NET、J2EE、LAMP 等开发平台进行设计。不同的业务应用场景，可采用不同的开发平台。测试工程师需对不同架构下的 Web 系统开展有效的测试。因此，对测试工程师的知识面要求较广，技术理解能力要求较高。

9.1.3　P2P 结构

P2P（Peer to Peer）通过直接的点对点通信交换实现数据信息资源、服务共享。C/S、B/S 模式的系统以应用为核心，通信交互过程中必须有应用服务器，用户请求必须通过应用服务器完成，用户间的通信信息也需经过服务器。在 P2P 对等网络中，用户之间可以直接通信、共享资源，无须常规意义的服务器中转处理。

BT 下载、迅雷（见图 9-3）、飞秋等一些软件即属于 P2P 模式。在此模式中，数据点对点传输，无须经过服务器中转处理，因此相对而言速度较快，但因为传输信息未经过服务器加密处理，很多时候导致安全性较差。同时，在 P2P 传输过程中，很难监控数据信息的供应者及使用者，从而滋生盗版、非法传播等违法活动，因此含有 P2P 下载的软件，一度遭到国家禁止。

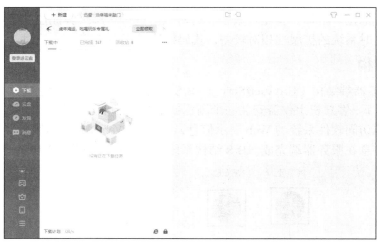

图 9-3　P2P 软件示意图

9.1.4　App 结构

App 是运行在智能终端设备上的应用程序。移动应用与传统的结构类似，既有 C/S 结构的特点，又含有 B/S 结构的特性，以 Android 应用为例，App 本身采用的是 Android 原生开发，基于 Android 系统本身运行，又可加入 Web 应用，如 HTML5 实现一些特定效果。目前 App 主要平台有 iOS 及 Android 两种。

9.1.5　流行开发平台

目前在 Web 系统开发过程中，常使用.NET、J2EE、LAMP 等开发平台进行设计。通用业务系统，如 OA 系统、CRM 系统、ERP 系统、EMAIL 系统，.NET 架构运用较多，金融证券基金类等大型业务系统常采用 J2EE 架构设计，而互联网网站、论坛等，常使用 LAMP 架构。

1. NET

.NET 架构一般访问文件的后缀名是.aspx 或.asp，其编程语言是 ASP.NET（C#）或 ASP，

Web 服务器一般为 IIS，数据库最佳配置采用 SQL Server，服务器操作系统为 Windows Server 系列，开发工具一般使用微软的 Visual Studio 开发平台。

2．J2EE

J2EE 是业内非常流行的软件设计模式，Web 系统文件后缀名一般为.jsp 或.do，编程语言为 Java/JSP，常用脚本语言为 JavaScript。J2EE 架构的 Web 服务器相对较多，一般可采用 Tomcat/Resin/JBoss/Weblogic/Websphere 等，数据库可使用 MySQL、SQL Server、Oracle、DB2、Sybase 等，服务器操作系统可为 Windows、Linux 或者 Unix。J2EE 的应用范围非常广泛，在移动终端软件开发中，亦可使用 Java 进行嵌入式 App 开发，如目前流行的 Android 应用。在移动互联网或大型应用业务系统中，常见的基本架构为 Websphere+Oracle+Aix，在此基础上使用 HTTP Server、中间件及优化组件组合。

3．LAMP

LAMP（Linux+Apache+MySQL+PHP）在论坛、网站系统开发过程中应用非常广泛，如著名的 Discuz、PHPWind，基本都采用 LAMP 架构。

在 LAMP 技术架构上进一步衍生出 WAMP（Windows+Apache+MySQL+PHP），其基本原理及架构模式类似于 LAMP。

在常见的 LAMP 模式上，目前业内常用 LAMP+NGINX 组合提供 Web 服务。

除了上述传统的 Web 系统开发平台外，现在还有 iOS 应用开发及 Android 应用开发。

9.2　Web 基础知识

9.2.1　Web 系统定义

Web 的本意为蜘蛛网或网，在 IT 技术发展中，数据信息传输像一张网一样，连着世界各地的终端用户，因此使用 Web 表示用户在网络、互联网中的应用方式，而网页作为 Web 的展示载体，一般称为 Web 页面。

Web 系统，即以 Web 页面形式展示的软件系统，一般通过浏览器进行访问，利用 HTTP 协议传输超文本、超媒体信息。

9.2.2　Web 系统发展

软件系统早期都是以 C/S 模式存在，最初因为应用范围的问题，仅限于单机版的 C/S 结构软件，甚至没有真正意义上的服务器端。随着应用需求的不断变化，在小范围有了共享的需求，因此诞生了 C/S 软件，随着网络技术的飞速发展，局域网、小范围内的系统应用已经不适应用户需求的增加。Web 系统便替代了 C/S 模式的主导地位。

Web 系统早期发展时，其主导意图为提供终端用户获取个人信息，需交互的仅是用户与服务提供者，如 Google、eBay 公司，用户根据自己的需要搜索或者购买对应的产品，通过优良的 Web 展示页面获取相关的数据信息。这个阶段一般可称为 Web 1.0 阶段。

然而，2001 年秋天，互联网公司的泡沫破灭，让人们意识到一个优秀的互联网公司不仅仅是提供内容，更多需要以人为本，关注用户深层次的需求，不仅仅是索取，更多的是分享意愿。在此基础上，诞生了 Web 2.0。

Web 2.0 是相对于 Web 1.0 而言的。在 Web 2.0 中，用户产生信息内容，用户与网站系统交互加强，用户群体社区化、合作化，任何人既是内容的浏览获取者，又是内容的制造者。

内容的提供不仅仅由网站内容发布商提供。这种模式非常常见，如之前流行的 Blog、微博等一些 SNS 网络应用，都是典型的 Web 2.0 服务模式。

Web 2.0 与 Web 1.0 相比具有以下区别。

（1）内容发布者不同。在 Web 1.0 中，网站内容基本都由网站发布，用户仅仅是浏览、获取相关信息资源，无法过多地与网站进行交互，而在 Web 2.0 中，内容除了由网站发布外，更多的是用户发布，并占据主导地位。

（2）信息交互方式不同。Web 1.0 的信息交互仅限于用户与网站之间，用户与用户之间基本没有交互渠道。而 Web 2.0 更注重用户与网站、用户与用户之间的交互性。用户不仅可以与网站交互内容，也可以与同一网站的不同用户进行交互，当然也可与不同网站之间交互信息。例如，发微博，提交至网站，网站的其他用户亦可查看、评论甚至转发微博，达到信息传递的目的。

（3）设计模式不同。Web 1.0 网页设计方法基本为 Table+CSS，Web 2.0 则采用 DIV+ CSS 摒弃了 HTML 4.0 中的表格定位方式，其优点是网站设计代码规范，并且减少了大量代码和网络带宽资源浪费，加快了网站访问速度。同时，Web 2.0 界面设计风格与 Web 1.0 相比更加友好与美观。

当然，Web 2.0 与 Web1.0 无法绝对区别开，Web 2.0 更强调用户信息的交互，采用的技术可能是 Web 1.0 与 Web 2.0 的结合。

Web 2.0 更多体现的是网络服务设计思想，更突出以人为本，更好地服务于用户，加强 Web 系统友好性及易用性，同时提供更多的交互功能。因此，目前绝大部分互联网公司设计的 Web 系统基本都是 Web 2.0 模式。

随着应用、服务模式、用户期望的不断变化，Web 技术、思想不断发展，从而提出了 Web 3.0（如现在流行的云计算、SaaS 服务等）、Web 4.0（知识及时分享性概念）等不同阶段、不同应用目标的模式。

9.2.3 Web 系统原理

Web 系统典型的结构由 Browser 和 Server 构成。用户通过浏览器访问服务器提供的交互界面，并提交请求（Request）发送至服务器。服务器接收到浏览器发送的请求后进行处理，并将响应结果（Response）反馈至浏览器。在此过程中，Browser 与 Server 利用 HTTP 协议或其他协议进行请求与响应的交互。

请求经过浏览器发送至服务器时，当请求的内容是一个 HTML 页面时，服务器端直接将该页面反馈至客户端浏览器上。当请求的 HTML 页面中包括 JavaScript 或其他脚本信息时，客户端浏览器将会进行解析。当请求的页面是一个动态请求时，如提交了一个搜索商品的请求页面，服务器需调用搜索脚本进行解析，并将处理结果转换为 HTML 页面反馈至客户端浏览器。

通常情况下，访问一个页面、提交一个请求时，在浏览器中输入的 URL 内容如下。

```
http:// www.ryjiaoyu.com:8080/crm/archive/providerInfoAction.do?saveInfo=true
```

该请求分为 4 个部分，分别为协议声明、域名/IP 地址、端口、资源路径。

1. 协议声明

Web 系统中，通常使用 HTTP 或 HTTPS 提交请求。超文本传输协议（Hyper Text Transfer Protocol，HTTP），将客户端的请求通过浏览器以文本数据模式发送给服务器。超文本传输安全协议（HyperText Transfer Protocol Secure，HTTPS），是 HTTP 与 SSL/TLS 的组合，用于提供加密通信及鉴定网络服务器身份，常用于互联网的交易支付或传输企业敏感信息，相对而言安全性较高。一般银行、电子商务网站在登录或支付时会利用 HTTPS 协议。

这个 URL 中的"HTTP"表示该请求以 HTTP 协议向服务器发出了请求。

2．域名/IP 地址

"http://www.ryjiaoyu.com"中的"www.ryjiaoyu.com"是域名，表示服务器的地址。经过 DNS 解析后，域名替换为 IP 地址，便于向确切的服务器提交请求。

Web 系统的网络访问，实质上都是通过 IP 地址进行访问，但 IP 地址相对抽象，不好记忆，因此利用域名较为方便，如 sina.com.cn、taobao.com 等。

3．端口

"8080"是服务器对外开放的 TCP/IP 逻辑通信端口。常用的端口号范围为 0~65535。在发送请求时，除了指定需请求的服务器地址外，还需知道服务器提供了哪个对外通信的端口，否则无法发送请求。一般情况下，Web 系统对外开放的端口都是 80，80 端口默认可以不写出。

4．资源路径

"crm/archive/providerInfoAction.do"表示请求服务器上的具体页面及业务操作。这个例子中的路径表示，用户通过 HTTP 协议向"www.ryjiaoyu.com"主机"8080"端口请求访问"crm/archive"下的"providerInfoAction.do"文件。这意味着在服务器的某个目录下可能存在"providerInfoAction.do"文件。

在实际的测试过程中，可以通过端口及资源路径文件的后缀名判断服务器的基本架构模式。

9.3　Web 网络协议

协议是通信对象共同遵守的规则。例如，与美国或英国人交流时，需要使用英语，在国内与人交流时，大多数用普通话，这里的英语和普通话，即是一种协议，遵循一定的规则。在中国，每个人都一个身份证号，如 110112201012121119，前面的"110112"表示地域编码，"20101212"表示该用户的出生年月日，"1119"则表示一个顺序编号，全国所有人的身份证号都采用这样的格式，因此，身份证号格式也是一种协议。

在网络通信中，只有遵循一定的规则，才能相互交换信息，因此协议的一致性及标准性在 Web 系统应用过程中尤为重要，常见的网络协议有 TCP/IP、HTTP、SSL、TLS 和 WTLS 等。本书重点介绍 TCP/IP 及 HTTP。

9.3.1　TCP/IP

传输控制协议/互联网协议（Transmission Control Protocol/Internet Protocol，TCP/IP）提供了一种端到端的、基于连接的、可靠的通信服务。每一个 TCP 连接在发送端和接收端之间产生 3 次预先通信，用术语来说就是 TCP 的 3 次握手（HandShake）。3 次握手负责确定一个 TCP 连接，确认数据包的发送和发送的次序，以及重新传送在传输过程中破坏或者丢失的数据包，它能够对成功接收的数据包进行回应，可以测试所接收数据包的完整性，并把接收到的次序错乱的数据包重新整理。

由于 TCP 是用户应用和诸多网络协议之间的纽带，因此 TCP 必须能够同时接收多个应用的数据，并且必须具备跟踪记录到达的数据包需要转发到的应用程序的功能，这个功能是通过端口来实现的。

与 TCP 相似的另一种传输方式是用户数据包协议（User Datagram Protocol，UDP），它与 TCP 一样，负责处理数据包，但其是无连接的，不提供数据包分组、组装和不能对数据包进行排序。当数据传递后，其无法保证接收者是否正确接收，当需要在计算机之间传输数据时，可使用 UDP。老版本的 QQ 传输即使用 UDP。

TCP、UDP 都属于传输层协议，负责数据的传输。

9.3.2 HTTP

1. HTTP 简介

Web 系统的基础就是超文本传输协议（Hyper Text Transfer Protocol，HTTP）。HTTP 是一个应用层协议，也就是 TCP 传输层的上一层协议，HTTP 只定义传输的内容，不定义如何传输，所以理解 HTTP，只需要理解协议的数据结构及所代表的意义即可。

HTTP 是一种请求-应答式的协议——客户端发送一个请求，服务器返回该请求的应答。HTTP 使用可靠的 TCP 连接，默认端口是 80。HTTP 的第一个版本是 HTTP 0.9，后来发展到了 HTTP 1.0，现在最新的版本是 HTTP 1.1。HTTP 1.1 由 RFC 2616 定义，所有的 HTTP 细节均在该文档中描述。

在 HTTP 中，客户端/服务器之间的会话总是由客户端通过建立连接和发送 HTTP 请求的方式初始化，服务器不会主动联系客户端或要求与客户端建立连接。浏览器和服务器都可以随时中断连接。例如，在浏览网页时，可以随时单击“停止”按钮中断当前的文件下载过程，关闭与 Web 服务器的 HTTP 连接。

HTTP 的主要特点可概括如下。

（1）支持客户/服务器模式。

（2）简单快速：客户向服务器请求服务时，只需传送请求方法和路径。请求方法常用的有 GET、POST、HEAD、PUT、DELETE 等。每种方法规定了客户与服务器联系的类型不同。由于 HTTP 简单，所以 HTTP 服务器的程序规模小，因而通信速度很快。

（3）灵活：HTTP 允许传输任意类型的数据对象。正在传输的类型由 Content-Type 加以标记。

（4）无连接：无连接的含义是限制每次连接只处理一个请求。服务器处理完客户的请求，并收到客户的应答后，即断开连接。采用这种方式可以节省传输时间。

（5）无状态：HTTP 是无状态协议。无状态是指协议对于事务处理没有记忆能力。缺少状态意味着如果后续处理需要前面的信息，则它必须重传，这样可能导致每次连接传送的数据量增大。另一方面，在服务器不需要先前信息时，它的应答较快。

2. HTTP 请求

HTTP 请求由 3 个部分构成，分别是方法-URI-协议/版本、请求头和请求正文，如下示例。

```
GET /oss/index.htm HTTP/1.1
Accept image/gif, */*
Accept-Encoding    gzip
Accept-Language    zh-cn
Connection Keep-Alive
```

```
Host localhost
User-Agent Mozilla/4.0 (compatible; MSIE 6.0; Windows NT 5.1; SV1; .NET CLR
3.0.04506.30; .NET CLR 3.0.4506.2152; .NET CLR 3.5.30729; .NET4.0C; .NET4.0E;
InfoPath.3; .NET CLR 2.0.50727)
userName=admin&password=123456
```

（1）第一行：GET /oss/index.htm HTTP/1.1

GET 表示请求使用的方法，HTTP/1.1 协议支持 7 种请求方法：GET、POST、HEAD、OPTIONS、PUT、DELETE 和 TRACE 等。最常用的是 GET 和 POST 请求方法。

当用户需要从服务器获取或查询资源时，可使用 GET 请求方法。一般而言，GET 请求仅能传递 1KB 左右的内容，并且在传递过程中，无法修改服务器资源，GET 请求活动是安全的，不会对服务器内容产生任何改变，一般以只读方式进行。请求的数据附在 URL 地址之后，以？分隔 URL 和需要传输的参数数据，参数之间以＆符号相连，如 login.action?name=admin&password=123456。GET 请求方式是安全的，但传输过程中的安全性较差。POST 请求与 GET 请求不同的是，POST 请求可向服务器提交较大的数据，并可改变服务器的内容。一般而言，POST 请求传递的数据无限制，在传递过程中，表单内的各个字段与其内容放置在 HTML Header 内一起传送到 Action 属性所指的 URL 地址。用户看不到这个过程，因此，相对 GET 请求，其传输过程是安全的。

"/oss/index.htm"表示 URI，Web 上各种可用的资源，如 HTML 文档、图像文件、视频音频文件、程序代码等，基本都由一个通用资源标识符（uniform resource identifier, URI）进行定位。

HTTP/1.1 表示当前请求使用的是 HTTP 及其版本号。

（2）第二行：Accept image/gif, */*

当前浏览器客户端可以处理的数据信息，此处表示可以处理 gif 及其他所有类型的资源文件。

（3）第三行：Accept-Encoding gzip

当前浏览器客户端支持 gzip 格式压缩，服务器端在传输过程中将 HTML、JavaScript 或 CSS 等类型的资源时经过压缩后传递给浏览器客户端，浏览器接收响应数据后解压缩并展示。利用压缩技术可显著减少响应资源占用的带宽及其在网络上传输的时间。

（4）第四行：Accept-Language zh-cn

当前浏览器客户端能接受和处理的字符集，此处表示可以显示简体中文字符集。如果此处设置错误，将可能导致传输信息乱码。

（5）第五行：Connection Keep-Alive

当完成本次 Request 的 Response 后，服务器需保持该 TCP 连接仍属于可连接状态，等待本次连接的后续请求。这样可以减少打开关闭 TCP 连接的次数，提升处理性能。另外可选项是 Close，表明响应接收完成后直接将其关闭。

（6）第六行：Host：localhost

请求提交的目标机器主机名或 IP 地址，此处表示提交在本地。

（7）第七行：User-Agent Mozilla/4.0 (compatible; MSIE 6.0; Windows NT 5.1; SV1; .NET CLR 3.0.04506.30; .NET CLR 3.0.4506.2152; .NET CLR 3.5.30729; .NET4.0C; .NET4.0E; InfoPath.3; .NET CLR 2.0.50727)。

描述当前浏览器所在的操作系统及浏览器内核版本信息。

（8）第八行：空行

请求头和请求正文之间是一个空行（只有 CRLF 符号的行），该行非常重要，它表示请求头已经结束。

（9）第九行：userName=admin&password=123456

此处表示请求的正文部分，有时候可能没有内容。

3．HTTP 响应

HTTP 的响应与请求类似，分为两大部分：头部和正文内容。响应中的头部主要由服务器端返回给客户端，用于获取一些服务器端信息。响应的正文就是用户请求的各类资源的内容，如果请求一个 HTML，则正文是 HTML 源代码；如果是一个 JavaScript 文件，则是该 JavaScript 文件的脚本代码；如果是一张图片，则正文就是该图片。请阅读以下一段代码。

```
HTTP/1.1 200 OK
Accept-Ranges bytes
Connection  Keep-Alive
Content-Length 767
Content-Type   text/html
Date   Wed, 25 Jun 2014 07:02:19 GMT
Keep-Alive  timeout=5, max=100
Server Apache/2.2.9   (Win32)   DAV/2   mod_ssl/2.2.9   OpenSSL/0.9.8i
mod_autoindex_color PHP/5.2.6


<html>
<head>
<title>HTTP 应答示例</title></head><body>
Hello HTTP!
</body>
</html>
```

（1）第一行：HTTP/1.1 200 OK

HTTP/1.1 表示当前响应使用的协议及其版本，200 OK 是 HTTP 响应的状态码，表示客户端请示的页面存在且状态正常。

（2）第二行：Accept-Ranges bytes

可接受的数据类别，当前是以 bytes 类型返回。

（3）第三行：Connection   Keep-Alive

显示此 HTTP 连接的类型为 Keep-Alive，当前响应结束后仍保持连接，等待客户端下一次请求。

（4）第四行：Content-Length   767

表示响应内容的正文部分长度为 767 字节。

（5）第五行：Content-Type text/html

显示此 HTTP 连接的内容类型为 text/html。

（6）第六行：Date Wed, 25 Jun 2014 07:02:19 GMT

显示当前服务器时间。

（7）第七行：Keep-Alive　timeout=5, max=100

显示此 HTTP 连接的 Keep-Alive 时间。

（8）第八行：Server Apache/2.2.9 (Win32) DAV/2 mod_ssl/2.2.9 OpenSSL/0.9.8i mod_autoindex_color PHP/5.2.6

显示支持当前请求页面的 Web 服务器的类型。

（9）第九行：空行响应头与正文部分以 CRLF 分隔。

（10）第十行：正文部分

```
<html>
    <head>
        <title>HTTP 响应</title>
    </head>
        <body>
            Hello, TestEngine!
        </body>
</html>
```

响应正文部分，服务器端反馈给客户端的数据。

4. HTTPS

安全超文本传输协议（Hypertext Transfer Protocol Secure，HTTPS）由 Netscape 开发并内置于其浏览器中，用于对数据进行压缩和解压操作，并返回网络上传送回的结果。

HTTPS 实际上应用了 Netscape 的完全套接字层（SSL）作为 HTTP 应用层的子层。HTTPS 使用 443 端口，而不像 HTTP 那样使用 80 端口来和 TCP/IP 进行通信。SSL 使用 40 位关键字作为 RC4 流加密算法，这对于商业信息的加密是合适的。HTTPS 和 SSL 支持使用 X.509 数字认证，如果需要的话，用户可以确认发送者是谁。

HTTPS 是以安全为目标的 HTTP 通道，简单讲是 HTTP 的安全版，即 HTTP 下加入 SSL 层，HTTPS 的安全基础是 SSL。

HTTPS 是一个 URI scheme（抽象标识符体系），句法类似于 HTTP 体系，用于安全的 HTTP 数据传输。HTTPS:URL 表明它使用了 HTTP，但 HTTPS 存在不同于 HTTP 的默认端口及一个加密/身份验证层（在 HTTP 与 TCP 之间）。这个系统的最初研发由 Netscape 公司进行，提供了身份验证与加密通信方法，它被广泛用于万维网上安全敏感的通信，如交易支付或高安全性验证功能方面。例如， 12306 网站的注册请求链接，就使用了 HTTPS。

9.4　网络协议模型

网络协议模型目前在业内主要有两种：OSI 七层协议模型及 TCP/IP 四层模型。

9.4.1　OSI 模型

OSI 是 Open System Interconnect 的缩写，意为开放式系统互连。国际标准组织（ISO）制定了 OSI 模型。OSI 模型把网络通信活动分 7 层级，它们由高到低分别如表 9-1 所示。

表 9-1　OSI 模型

第七层	应用层	application layer
第六层	表示层	presentation layer
第五层	会话层	session layer
第四层	传输层	transport layer
第三层	网络层	network layer
第二层	数据链路层	data link layer
第一层	物理层	physical layer

1. 物理层（physical layer）

物理层位于 OSI 参考模型的最底层或第一层。该层包括物理联网媒介，如网线。物理层产生并检测电压，以便发送和接收携带数据的信号。计算机之间互相通信，在传统模式中，插入了网线，就建立了计算机联网的基础。物理层不提供纠错服务，可设定数据传输速率并监测数据出错率。

工作在物理层的主要设备有：中继器、集线器。

2. 数据链路层（data link layer）

数据链路层位于 OSI 参考模型的第二层，它控制网络层与物理层之间的通信。其主要功能是如何在不可靠的物理线路上进行数据的可靠传递。数据传递过程中，从网络层传过来的数据被分解为多个数据帧。数据帧包括原始的待传输数据、发送方与接收方的物理地址以及检错和控制信息。因为数据帧包含了相对可靠的传输信息，因此，数据链路层可在不可靠的物理介质上提供可靠的传输。

数据链路层的主要设备有：二层交换机、网桥。

3. 网络层（network layer）

网络层位于 OSI 参考模型的第三层。其主要功能是将网络地址翻译成对应的物理地址，并决定如何将数据从发送方路由到接收方。

网络层通过综合考虑发送优先权、网络拥塞程度、服务质量以及可选路由的花费来决定从一个网络中的节点 A 到另一个网络中的节点 B 的最佳路径。由于网络层处理，并智能指导数据传送，路由器连接网络各段，所以路由器属于网络层。在网络中，"路由"基于编址方案、使用模式以及可达性来指引数据的发送。

网络层负责在源机器和目标机器之间建立它们所使用的路由。这一层本身没有任何错误检测和修正机制，因此，网络层必须依赖于端与端之间的由 DLL 提供的可靠传输服务。

工作在网络层的主要设备有：路由器。

4. 传输层（transport layer）

传输层位于 OSI 参考模型的第四层。传输协议进行流量控制或基于接收方可接收数据的快慢程度规定适当的发送速率。当超过当前网络所能处理的最大数据尺寸时，传输层将强制分割超过长度的数据包。

工作在传输层的一种服务是 TCP/IP 套中的 TCP（传输控制协议），另一项传输层服务是 IPX/SPX 协议集的 SPX（序列包交换）。

5. 会话层（session layer）

会话层位于 OSI 参考模型的第五层，负责在网络中的两节点之间建立、维持和终止通信。会话层的功能包括：建立通信链接、保持会话过程通信链接的畅通、同步两个节点之间的对话、决定通信是否被中断，以及通信中断时决定从何处重新发送。

6. 表示层（presentation layer）

表示层位于 OSI 参考模型中的第六层，是应用程序和网络之间的翻译官，在表示层，数据将按照网络能理解的方案进行格式化，这种格式化也因所使用网络的类型不同而不同。

7. 应用层（application layer）

应用层为操作系统或网络应用程序提供访问网络服务的接口。应用层的代表协议有：Telnet、FTP、HTTP、SNMP 等。

9.4.2　TCP/IP 模型

TCP/IP 模型只包括以下 4 层。

（1）应用层。

（2）传输层。

（3）Internet 层。

（4）网络访问层。

TCP/IP 模型与 OSI 模型的对应关系如表 9-2 所示。

表 9-2　TCP/IP 模型与 OSI 模型的对应关系

OSI 模型			TCP/IP 模型
第七层	应用层	application layer	应用层
第六层	表示层	presentation layer	
第五层	会话层	session layer	
第四层	传输层	transport layer	传输层
第三层	网络层	network layer	Internet 层
第二层	数据链路层	data link layer	网络访问层
第一层	物理层	physical layer	

（1）应用层：所有与应用层相关的功能都整合在一起，包括 HTTP、FTP、NFS、SMTP、Telnet、SNMP、DNS 等相关应用协议。

（2）传输层：提供从源到目的主机的传输服务、面向连接的传输控制协议（TCP）和无连接的用户数据报协议（UDP）。

（3）网络层：最著名的 IP，还有 ICMP、ARP、RARP 等。

（4）网络访问层：主要参与 IP 分组时建立和网络介质的物理连接。

9.5　Web 测试技术

随着互联网技术的飞速发展，目前大部分业务系统都采用 Web 结构，因此软件测试工程师测试的对象大多数都是 Web 系统。掌握常用的 Web 测试技术显得尤为重要，目前针对一个 Web 系统主要从功能、性能、安全性、兼容性、接口、GUI 界面、易用性等几个质量特性实施测试活动。

9.5.1　功能测试

用户不管使用什么业务系统，都期望该系统实现用户需要的业务，而任何业务过程都是由单个功能组合而成的，因此在一个 Web 系统中，保证其单个及组合功能的正确性是所有测试活动中的首要关注点。

结合软件质量中的功能特性，通常情况下，Web 系统的功能性从以下几个方面考虑。

1．单个逻辑功能

对于单个逻辑功能，测试工程师需要关注其是否正确实现了需求定义的功能性需求，并需明确该需求是否确实应该在需求中体现。例如，登录功能，需关注其能否正确实现合法数据能够登录，而非法数据拒绝登录。商品查询功能中的排序功能，如果系统默认设计为降序排序，则需弄清楚用户是否有此需求，如果有，则该排序是否正确实现了默认降序功能。

贯穿于整个业务系统的逻辑功能，需保证其单个功能的正确性，然后才是整个业务流程的正确性测试。

对于 Web 系统，发送请求与系统交互时，大部分是以表单的方式发送，如图 9-4 所示。

图 9-4　表单功能示例

图 9-4 是 12306 网站的用户注册页面，用户填写相关数据信息后，将使用 GET 方法提交名称为"registform"的表单。该表单上共有 8 个文本编辑框。常见的业务系统基本页面元素从用户角度考虑一般包含编辑框、按钮、图片/音频/视频、下拉列表、单选按钮、复选框、Flash 插件等几种。

（1）编辑框

需考虑其默认焦点、输入长度、输入内容类型（字母、汉字、特殊符号、脚本代码等）、输入格式限制、能否粘贴输入、能否删除文本等因素。例如，图 9-4 中的"用户名"字段，测试时需考虑其用户名长度、组成、格式限制、是否重名等情况，在测试用例设计时，可利用等价类、边界值方法详细设计。

（2）按钮

一般的 Web 系统都是用常规按钮提交请求或功能跳转，也可能使用图片或其他控件实现按钮功能。对于按钮而言，一般需考虑其默认焦点、按钮视图、按钮功能、脚本触发等方面。

（3）图片/音频/视频

图片、音频、视频在一般的业务系统中经常被用来传达信息，对于此类元素，需关注其显示是否正常、位置是否恰当正确、用户体验是否良好，如果有功能跳转类的设计，则需关注它们是否正确实现了相关功能。

（4）下拉列表

下拉列表在多元化的数据信息展示传输过程中经常被用到，在测试过程中需关注其列表值是否正确，是否有重复，选中后能否正确传递、是否可以多选等方面。

（5）单选按钮

单选按钮在 Web 系统中非常常见，当需实现多选一功能时，一般会使用单选按钮。测试过程中需关注该功能能否在选中后传递参数值。

（6）复选框

当需要选择多个单独记录或数据时，需使用复选框。Web 测试中需考虑多选后能否实现期望的业务功能，如批量修改、批量删除，能否在提交请求时，触发应该触发的脚本代码。

（7）Flash 插件

很多时候，为了实现更好的交互性，可能使用 Flash 插件或其他应用程序插件与用户进行交互，在此类元素的测试过程中需考虑其单独功能的实现情况，独立实现后，还需检查其与应用系统的接口能否正确传递参数，保证业务流程的正确性。

单个逻辑功能测试时，需考虑的因素较多，因此测试工程师在测试时需仔细认真，不能遗漏任何测试点，因为无法确切模拟最终用户的业务活动，仅能尽可能地模拟它们，降低系统发布后出错的可能性。

2．页面链接功能

对于页面链接功能，测试工程师需考虑其链接文字描述的正确性、链接地址跳转的正确性、链接触发脚本的正确性等。

3．页面缓存功能

根据 Web 系统的体系架构不同，在系统开发过程中可能采用 Cookie、Session、Cache 等方法来优化、处理数据信息。

（1）Cookie

当用户访问一个 Web 系统后，服务器为了在下一次用户访问时，判断该用户是否为合法用户、是否需要重新登录，或者希望客户端记录某些数据信息时，服务器可根据业务的需求设定并发送给客户端浏览器。Cookie 一般以某种具体的数据格式记录在客户端的硬盘中。

通常情况下，Cookie 可记录用户的登录状态，服务器可保留用户信息，在下一次访问时无须重新登录，对于购物类网站，也可利用 Cookie 实现购物车功能。

进行 Cookie 测试时需关注 Cookie 信息的正确性（服务器给出信息格式），当用户主动删除 Cookie 信息后，再次访问时，验证能否无须重新登录。电子商务类网站可添加商品信息后删除 Cookie，刷新后查看购物车中的商品能否成功清除。

（2）Session

Session 一般理解为会话，在 Web 系统中表示一个访问者从发出第一个请求到最后离开服务，这个过程维持的通信对话时间。当然，Session 除了表示时间外，还可能根据实际的应用范围包含用户信息和服务器信息。当某个用户访问 Web 系统时，服务器将在服务器端为该用户生成一个 Session，并将相关数据记录在内存中，某个周期后，如果用户未做任何操作，则服务器将释放该 Session。

简单而言，Session 信息一般记录在服务器的内存中，与 Cookie 不同。测试过程中需关注 Session 的失效时间。

（3）Cache

Web 系统将用户或系统经常访问或使用的数据信息存放在客户端 Cache（缓存）或服务器端 Cache 中，以此来提高响应速度。与 Cookie 和 Session 不同，Cache 是服务器提供的响应数据，只是存放在客户端或服务器端。用户发出请求后，首先根据请求的内容从本地读取，如果本地存在所需的数据，则直接加载，减轻服务器的压力，若本地不存在相关数据，则从服务器的 Cache 中查询，若还不存在，则进行进一步的请求响应操作。很多时候，服务器用 Cache 提高访问速度，优化系统性能。在 Web 系统前端性能测试时，需关注 Cache 对测试结果的影响。

4. 脚本功能实现

为了实现一些特殊的效果或功能，系统往往会使用 JavaScript、VBScript 脚本编程技术。例如，动态的验证、特殊的展示效果，在测试过程中需进行此类效果或功能的测试，以检验相关脚本的正确性，同时需考虑它们是否有兼容性问题。例如，早期时，IE 5.5 版本之前经常会出现与图 9-5 类似的脚本错误。

图 9-5　脚本错误示例

5. 文件上传下载

很多时候业务系统中可能会使用一些文件上传下载的控件，如图 9-6 所示。对于此类控件，在测试时需考虑文件上传格式、上传内容、上传后能否正确打开、上传过程中如果出现异常是否有信息提示。对于文件下载则需考虑下载的文件能否正确打开使用、下载过程中能否中断、中断后可否续传、下载保存的文件名是否正确等。通常情况，此类控件会使用比较成熟的功能组件，因此测试难度相对较小。

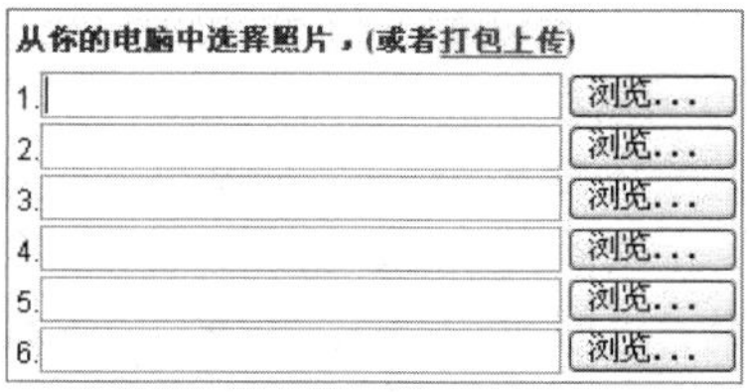

6. 数据编辑查询

现今许多系统都需要与数据库打交道，在用户层面，

图 9-6　文件上传功能示例

需要关注数据能否正确写入，能否正确读取，显示是否正常，不会出现乱码，页面展示格式

正确，未出现错位等问题。此处仅从最终用户使用考虑，并不涉及数据库测试。

一个传统的 Web 页面基本包含上述几种元素，在实施功能测试时，可根据需要针对每个元素进行深入细致的测试，这样才能保证业务流程的正确性。

7. 功能设计问题

在如今软件系统同质化非常严重的情况下，众多软件公司为了吸引更多的客户，在设计软件产品时，往往会根据用户的整体喜好设计软件，但在这种情况下，往往会将简单的功能复杂化。例如，一个公司或一个政府部门，基本不会存在大量的图书类别，但在设计过程中，针对图书类别增加了翻页功能，而此功能基本不会用到。

这是设计上一个较常见的问题。开发者提供了多余繁杂的功能，当用户学习和掌握时，需要更多的记忆和辅助资料，因此给用户增加应用上的负担。同时，若功能模块间耦合紧密，更有可能增加发生错误的概率。

复杂的功能简单化，用户所需实现的需求，往往期望在 3 步（3 次操作步骤）内完成，因此，在测试过程中，对于本可简单实现，却操作烦琐，冗余繁杂的功能，需作为缺陷提交。

除了过度功能设计外，功能不适当或功能遗漏也需关注。

9.5.2　前端性能

Web 系统性能测试是个涉及面很广的话题，对系统级别整站并发性能测试，将在后续作品详细阐述，本处仅讨论 Web 系统的前端性能测试活动。

一个 Web 系统，对于任何用户，都希望提供良好的用户体验，无论是响应速度，还是资源消耗。在实施测试活动时，需考虑被测对象的前端性能问题。

Web 系统前端性能通常关注页面容量、资源数量、传输压缩、本地缓存、请求数量等方面。

1. 页面容量

用户每次请求的响应都需经过下载，本地浏览器渲染后重新展示。因此，页面容量的大小直接决定用户的体验。很多公司都有相应的页面设计规范，如"非首页静态页面含图片字节不超过 60KB、全尺寸 banner 不超过 14KB、竖边广告 130 × 300 25KB"等。因此在实际测试过程中需关注页面元素的大小，以确保这些元素确实根据页面设计标准进行。图 9-7 显示某网站主页 ASP 文件大小为 25KB 左右。

图 9-7　页面容量示例

2．资源数量

在服务器传输过程中，如果资源文件太多，同样会降低网络的传输速度，因此坚决杜绝无效资源文件在服务器与客户端之间传输。测试工程师需确认每一个资源是否确实需要，并杜绝在过程中出现 404 错误的访问问题。图 9-8 所示是某高校主页的资源分解图，从图中可以看出，客户端发出了大约 95 个请求，页面完全加载共耗时 64 余秒。

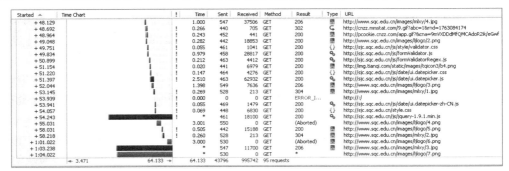

图 9-8　资源数量示例

3．传输压缩

在 HTTP 中，客户端发出请求后，通过 "Accept-Encoding: gzip, deflate" 告知服务器客户端浏览器支持解压缩。服务器根据客户端提供的信息选择对应的压缩方式传递数据信息。对于此，测试工程师可利用 HttpWatch 工具查看对应的压缩比，以确认是否符合压缩要求。

4．本地缓存

在大型业务系统中，通常会将动态的业务响应转化成静态文件传输至客户端并写入缓存，当用户再次访问时，可根据实际情况从本地 Cache 文件读取，以此加快访问感受，减轻服务器压力。测试工程师可通过测试工具检测本地缓存设置对访问速度的影响。

例如，访问京东网站后，会在系统中生成如下若干 Cache 信息。

```
__jda
122270672.885181759.1406171560.1406171560.1406171560.1
jd.com/
1600
4064685440
30422110
544406304
30385901
*
__jdb
122270672.1.885181759|1.1406171560
jd.com/
1600
1355637120
30385905
544406304
```

```
30385901
*
__jdv
122270672|direct|-|none|-
jd.com/
1600
2619174272
30388918
544566304
30385901
*
__jdu
885181759
jd.com/
1536
4064685440
30422110
548006304
30385901
```

5. 请求数量

雅虎（Yahoo）的 Exceptional Performance team 在 Web 前端优化方面提出了经典的 34 条准则，其中第一条便是尽量减少 HTTP 请求（Make Fewer HTTP Requests）。

减少 HTTP 请求数量带来的显而易见的好处是：减少 DNS 请求所耗费的时间、减少服务器压力、减少 HTTP 请求头。因此测试工程师在实际测试时可关注程序员是否按照规范切实减少了相关请求的数量，从而优化系统前端性能。

9.5.3　安全测试

Web 系统安全性测试是个比较宽泛的概念，常见的测试关注点以目录设置、口令验证、授权验证、日志文件、Session 与 Cookie 安全、异常操作、SQL 注入、跨站脚本攻击 XSS、跨站请求伪造 CSRF 等为主。

1. 目录设置

目录设置对系统的安全非常关键，在一些应用系统中通过某些小手段总能看到本不该完全展现的数据信息。例如，通过图片的属性查看其上一级目录路径为 image，并在浏览器直接键入对应的地址，如 "http:// www.ryjiaoyu.com /oss/image/" 可以访问所有图片信息列表。

对于常见的管理员后台入口页面名称在设置目录时同样需要注意，不应将入口名称或路径做普通文件设置，应加以保护，如变换入口目录路径或重命名关键文件。例如，管理员入口地址 "http://www.ryjiaoyu.com/oss/admin/index.jsp" 可改为 "http://www.ryjiaoyu.com/oss/ossadmin/index.jsp"，以免用户轻易猜出入口地址。

以某高校主页文件查询功能为例，通过目录猜测方法即可获取系统关键信息，如图 9-9 所示。

获取图 9-9 对应的放假通知 URL 属性值如下。

```
http://www.ryjiaoyu.com/ioas/fwclinfo.nsf/db0f6a736e37f9d5482569810049a80
2/b8c2fe665b2215a248257d0900069191?OpenDocument
```

通过该地址，可猜测其目录结构为

```
http://www.ryjiaoyu.com/ioas/fwclinfo.nsf
```

访问该地址后，文件列表显示如图 9-10 所示。

图 9-9　放假通知信息示例　　　　图 9-10　目录设置、权限设置缺陷示例

同样，可通过 URL 地址中的参数猜测其他功能关键词，将"OpenDocument"改为"DeleteDocuments"访问时，系统提示图 9-11 所示信息，将系统允许的"DeleteDocuments"关键字展示出来。

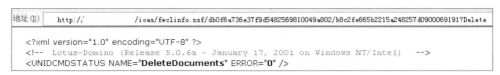

图 9-11　操作权限猜测示例

2．口令验证

目前大多数的 Web 系统都设置了登录功能，只有验证通过后，才能访问相关的数据信息。在测试此类功能时，必须测试有效和无效的用户名及口令，同时需考虑大小写、错误次数限制、代码注入等。

3．授权验证

典型的业务系统基本上由用户、用户组（角色）、权限及基本功能构成，权限管理在整个业务系统中起着至关重要的作用，即使通过了口令验证，不同用户、不用角色仍可能具有不同的权限，因此在测试过程中需重点测试授权问题，如未登录是否可以浏览信息、未授权是否可以使用功能、权限重叠时能否正确分配等。

4．日志文件

日志的功能是追踪，任何可能危害系统安全的操作都应被记录，测试时需确认是否以安全的方式记录了应该记录的信息。

5．Session 与 Cookie 安全

Session 与 Cookie 前面已经讨论过，伪造 Session 或恶意读取 Cookie，从而窃取用户的信息都是非常严重的安全事故，因此在测试时需关注 Session 的失效机制及失效时间、Cookie 记录与读取的权限。

6. 异常操作

测试工程师不能奢望用户按照系统设计的意愿去使用，因此在测试任何功能、业务过程中需模拟任何的异常操作，验证系统能否经得起考验，如输入过长的数据、输入特殊符号、上传带恶意代码的文件、非法下载禁止下载的文件等。

7. SQL 注入

SQL 注入是 Web 系统安全攻击的常见手段，攻击者通过构建特殊的输入或非法的 SQL 命令插入表单或页面请求的字符串中后提交，从而达到利用服务器执行恶意 SQL 语句的目的。SQL 注入攻击成功后，可直接屏蔽服务器验证，获取访问权限，甚至获取服务器的最高权限，执行篡改记录等恶意行为。

容易被实施 SQL 注入的主要原因是程序没有细致地过滤用户输入的数据，致使非法数据侵入系统。

SQL 注入根据注入技术原理的不同，一般分为数据库平台注入和程序代码注入。数据库平台 SQL 注入由 Web 系统使用的数据库平台配置不安全或平台本身存在漏洞引发；程序代码注入则主要是由于开发工程师在设计时，未能考虑细致及编码时错误实现，从而导致攻击者轻易利用此缺陷，执行非法数据查询。

SQL 注入的产生原因通常有以下几个。

（1）不恰当的数据类型处理。

（2）不安全的数据库配置。

（3）不合理的查询集处理。

（4）不当的错误处理。

（5）不合适的转义字符处理。

（6）不恰当的请求处理。

SQL 注入的方法一般有猜测法攻击及屏蔽法，猜测法主要是通过猜测数据库可能存在的表及列，根据组合的 SQL 语句获取表信息。屏蔽法主要是利用 SQL 输入值不严谨错误进行逻辑验证，从而使得 SQL 验证结果始终为真，达到绕开验证的目的。

（1）猜测法

在 Web 系统的日常测试工作中，经常接触如下的 URL 请求语句。

```
http://www.ryjiaoyu.com?empid=123
```

上述 URL 表示请求了 test 系统中 empid=123 的数据信息，"?empid=123"正是提交数据库服务器的查询参数，此时，可在 URL 地址嵌入 SQL 恶意攻击语句。例如：

```
http://www.ryjiaoyu.com?empid=123'or'1'='1
```

这样可列出所有的数据信息，如果需要猜测对应的表名，还可写成：

```
http://www.ryjiaoyu.com?empid=123'or 1=(select count(*) from emp)--
```

如果不存在该表，则可能会报错，说明 emp 对象名无效，并可告知是哪种数据库类型，然后根据不同的数据库类型，使用对应的系统表名称进行查询攻击。

（2）屏蔽法

屏蔽法一般利用 SQL 语句 AND 和 OR 运算符进行攻击，以登录功能为例，通常登录 SQL 验证语句如下。

```
select * from users where username='$username' and password='$password'
```

在实际攻击过程中，将用户名 username 和密码 password 输入为：a' or 1=1，这样 SQL 语句则变成：

```
select * from users where username='a' or 1=1 and password='a' or 1=1
```

AND 的执行优先级高于 OR，因此先执行 1=1 and password='a'，执行结果为假，username='a' 也为假，但 1=1 为真，因此整个 SQL 语句的执行结果为真，可成功绕开验证登录系统。

当然在实际的使用过程中，SQL 注入可能比上述的方法更为复杂，需开发工程师在编码时尽可能防范此类攻击方法。

以在线考试系统登录功能为例，如图 9-12 所示，根据用户名构造 SQL 语句，随意输入密码，即可登录成功。

图 9-12　SQL 注入示例

8. 跨站脚本攻击 XSS

跨站脚本攻击 XSS 又称为 CSS（cross site script），通常是指利用网站漏洞从用户那里恶意盗取信息。当用户访问注入了恶意 HTML 代码的 Web 系统时，可能会触发对应的获取用户敏感信息操作，如获取用户 Cookie 或 Session 等。

测试工程师在测试过程中需检查此类漏洞，XSS 攻击一般分为内部攻击和外部攻击两种，内部攻击一般是由于程序员编程过程中未能将一些敏感的符号屏蔽转义，如 "<" ">" ";" "." "'" "?" ，等，特别是单引号，尤其需要注意。除了特殊字符外，输入值的长度也需要考虑，通常情况需考虑程序长度限制、数据库字段长度限制、数据类型长度限制等几种情况。

内部攻击还有一种是 HTML 中的代码标签闭合问题，通常可在请求地址中输入 HTML 代码进行攻击，只需闭合前面某个标签即可。

XSS 外部攻击一般由于上传了恶意代码后，在请求地址处进行调用。因此在测试过程中需验证能否上传代码文件。

XSS 攻击通常仅能攻击客户端用户，无法对服务器进行攻击。

9.5.4　兼容性测试

Web 系统的兼容性通常体现在客户端的兼容性，服务器一般不做兼容性测试，因为在设计开发过程中即确定了服务器的架构，除非需要扩容扩展。

客户端的兼容性可从以下几个方面考虑。

1. 浏览器兼容性

不同厂商的浏览器处理方式不尽相同，目前主流的浏览器分为 IE、FireFox、Chrome、Safari 等几大阵营，国内的浏览器基本是基于 IE 核心的，主要有 360 浏览器、傲游浏览器、腾讯 TT 浏览器等。

浏览器间的差异主要体现在对 JavaScript、ActiveX 和 HTML 解码方法处理不同，因此需要在 Web 系统测试时注意，尤其是通过某个控件跳转浏览器时更需关注。

2．系统兼容性

系统的兼容性主要体现在操作系统方面，目前主流的操作系统有 Windows XP、Windows Vista、Windows 7、Windows 8，还不包括每个系列的细分版本。除了微软阵营的 OS 外，还有 Mac 系统、Linux 或 UNIX 系统。在测试过程中需关注被测对象在不同系统上的表现，尤其是与系统有数据交互时。

3．显示分辨率

不同显示分辨率可能会导致 Web 页面变形，严重时会导致功能无法使用，因此需要测试在不同分辨率下的系统表现，常见的分辨率为 1280×1024、1024×768、800×600 等。即使系统不能在某些分辨率下工作，也需给出明确的信息提示。

4．插件兼容性

有些 Web 系统应用了一些控件，如文本编辑器、文件上传下载控件等，这些控件也需考虑在不同的浏览器、操作系统分辨率下的应用表现。

9.5.5　接口测试

Web 系统的接口主要有用户接口、第三方软件接口等。用户接口一般又称为用户交互接口，通俗来说即是用户与 Web 系统数据信息交互的界面。第三方软件接口主要体现在外部系统与 Web 系统数据通信功能。

测试活动实施过程中，测试工程师需关注上述两种接口的测试。

1．用户交互接口

用户交互接口是终端用户操作 Web 系统的入口，界面友好能够吸引用户，增强良好的用户体验。在测试过程中，需要关注以下方面的界面表现。

（1）是否有应该有效显示的信息遗漏。

本该在页面中正确显示的信息未能在最终软件系统中体现。例如，在设计时，用户期望登录成功后系统提示"欢迎您，张三"，但开发工程师并未实现此需求。

（2）屏幕没有任何指引信息，用户感觉迷惑。

用户提交请求后，软件系统无任何反馈，仅在操作结束后才给予提示。例如，用户使用网银转账时，提交转账请求后，系统持续 10s 无任何提示信息，仅在成功或失败转账时给予提示，此设计将会导致用户认为系统无响应，从而可能重新发起请求。典型的错误为没有进度提示，用户不知道操作进程。

（3）找不到出处的功能选项。

功能设计杂乱无章，菜单布局混乱，用户无法准确快捷进入当前功能，功能间无联系。

（4）看起来不可能退出的运行状态。

用户操作后希望结束当前业务时，系统应提供有效的退出功能，如用户输入错误后，系统给予提示后能恢复到之前的就绪状态。

（5）整个输入区域无光标指引。

用户需在使用过程中有明确的方向指引，指引其每一步操作。

（6）没有对输入做出任何响应。

用户输入数据信息后，系统应该给予提示，告知用户下一步该干什么。

（7）提示性信息不够明确，表述令人迷惑甚至错误。

"对不起，请重新输入""对不起，操作失败""您输入的信息有误，请联系管理员"，等等类似不明确、令人烦躁的提示用户最不希望出现。

（8）界面显示错误，有错别字，不正确的色彩使用。

本该在 A 区域显示的功能，却跑到了 B 区域，"清除缓存"却写成了"清楚缓存"，大红大紫的色彩搭配，这些错误的设计只会增加用户对软件的厌恶。

（9）显示信息令人迷惑，如两个光标，光标消失、光标显示位置错误。

本该按部就班地输入，却因多个光标或没有光标指引而无从下手。必填项的光标跑到了非必填项。

（10）菜单布局错误。

查找功能放在了视图菜单下，保存功能放在了全局设置菜单下，类似的错误让人迷糊。

（11）显示不完整或模糊不清晰。

图 9-13 中"Block size per"后面的字符是什么？通过帮助才知道完整的字符是"Block size per Vuser"。

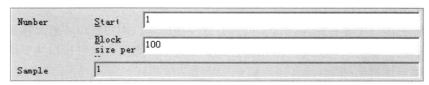

图 9-13　LoadRunner 参数化类型设置

2．第三方软件接口

第三方软件，如常见 Web 文本编辑器，在实施测试过程中，需要关注该编辑器与本系统的交互点，对于成熟的套件，一般测试其正向功能及其兼容性。如果存在大量数据交换，则需验证传入传出数据的正确性。

3．HTTP 接口测试

Web 测试很多时候都是基于 UI 界面的功能测试，但随着移动应用的飞速发展，很多时候在项目初期，App 可能没有 UI 界面，此时的测试就需要直接利用 HTTP 发送请求数据包，来测试服务器或第三方软件的接口数据及逻辑处理的正确性。测试人员会利用一些构造 HTTP 请求的测试工具来辅助接口测试，如 JMeter、Postman 及 soapUI 等。

实训课题

1．阐述 HTTP 中的请求主要包括哪些内容。
2．阐述 OSI 模型共有几层，作用分别是什么。

第 ⑩ 章　移动应用测试

本章要点

本章概要介绍移动应用软件与 Web 软件的区别及其技术特点。结合业内具体应用，介绍典型的几种 App 测试方法，如流量测试、兼容性测试、耗电量测试、弱网络测试等。

学习目标

1. 了解移动应用发展历史。
2. 了解移动应用与传统的软件系统区别。
3. 了解移动应用技术特点（时间管理）。
4. 掌握常见的 App 测试方法。

认识新技术的利与弊

10.1　移动应用特点

与传统的 PC 软件系统相比，移动应用开发成本相对低廉，具有很好的便携性，极高的碎片时间利用率，很强的用户黏性及忠诚度，尤其随着网络及智能移动设备的迅速发展，移动应用占据了用户日常生活的大部分，人们常说的"手机控""低头族"也充分说明了移动应用发展前景的火爆。移动应用具有以下几个特点。

1. 应用场景多变

有了移动应用，人们参与互联网活动不再局限于办公室、家庭或其他固定场所，随处可见的"低头族"足以说明移动应用的应用场景广泛，如图 10-1 所示。

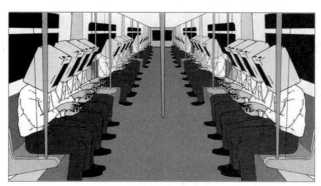

图 10-1　低头族

2. 高便携性

以手游为例，传统的游戏有端游、页游，都需在 PC 上运行，随着掌上游戏机的发展，渐渐地将游戏移植到便携设备上，发展至今非常火爆的手游，如王者荣耀、大话西游、部落传奇等，充分体现了移动应用的高便携性。

移动设备的便携性，促进了移动应用的飞速发展，以支付为例，交易支付从传统的现金和刷卡支付，发展到如今的移动支付，如支付宝、微信、云闪付等。

3. 碎片时间利用率高

高便携性使得用户更充分地利用日常生活中的碎布时间，无论是工作，还是休闲，随时随地可使用移动应用获取个人关注的信息，如图 10-2 所示。

图 10-2　碎片时间示意图

4. 信息传播速度快

从 Web 2.0 起，信息传播的速度随着互联网技术的发展变得更快，早期的微博，如今的微信，在信息传播过程中起到了主导作用。随着移动网络资费不断下降、公共免费 Wi-Fi 建设普及等特点，越来越多的网民使用移动网络及移动应用。

当然，移动应用也有自身的缺点，因设备显示区域限制，无法像 PC 那样展示更多的信息，也因硬件发展的局限，导致性能无法与 PC 抗衡，在没有移动网络的地区，则无法使用。

互联网的发展经过这几年的变革，从 PC 端的互联网，发展为移动互联，再到今后的物联网，对于测试人员而言，应紧跟行业发展趋势，不断学习新的技术方法，才能更好地保证软件系统质量。

10.2　移动应用测试技术特点

目前主流的手机操作系统有苹果公司的 iOS、Google 公司的 Android 及 BlackBerry 等，国内大部分用户使用的是 iOS 及 Android，BlackBerry 相对很少。因此，从移动应用测试技术来说，几乎要求都基于 iOS 和 Android 平台。

从开发平台来说，各个系统对应的开发语言如下。

（1）iOS：Objective-C、Swift。

（2）Android：Java。

对于移动应用测试技能而言，需要测试人员掌握以下技能。

（1）熟练掌握测试缺陷管理流程。

（2）熟练掌握测试管理工具如禅道、ALM 的使用。

（3）熟练使用测试工具：Android 功能测试工具 logcat，iOS 自动化 X-code（很少使用），Android 自动化工具 MonkeyRunner、UIAutomator、Appium 等，Android 性能测试工具如 LoadRunner、腾讯 GT、网易 Emmagee。Android 健壮性测试软件 Monkey。

（4）熟悉数据库、Linux、接口测试工具、安全测试工具等。

10.3　移动应用测试类型

移动应用功能测试与 B/S 或 C/S 结构的测试方法类似。不同的则是流量测试、兼容性测试、耗电量测试、弱网络测试等。

10.3.1　功能测试

与 B/S 或 C/S 结构测试方法相同，关注用户需求需实现的业务功能。测试需求分析、测试用例设计、执行及缺陷管理与传统测试相同。

10.3.2　流量测试

用户在享受移动应用带来便利的同时，也因为移动应用的架构特点，需关注流量的耗用。目前移动网络资费相对较高、免费 Wi-Fi 建设局限，用户需要付费使用流量。一些设计存在缺陷的 App，可能频繁在后台联网去服务端获取信息，做出很多不必要的数据请求操作，从而导致大量的流量消耗，导致用户卸载 App，造成客户流失，甚至投诉、诉讼。因此每一款移动应用在发布前都应该进行流量测试。

常用的流量测试方法有手机抓包、Fiddler 抓包和 Android 自带抓包 3 种。

1. 手机抓包

在后台系统的开发和测试中，借助工具抓取网络包（简称抓包）进行网络层数据分析，是测试工程师常用的技术手段，常用的抓包工具有 Wireshark 和 Tcpdump。需注意的是，使用 Tcpdump 工具抓包时，被测应用所在设备需获取 Root 权限。

2. Fiddler 抓包

利用 Fiddler 抓取移动应用的数据包，需将被测设备网络与 Fiddler 主机网络设置相同，移动设备网络的代理服务器设置为 Fiddler 主机网络，端口任意设置，但需保证在 Fiddler 主机中未被占用，如图 10-3 所示。

在 Fiddler 中设置与手机端相同的端口 8888，如图 10-4 所示。

图 10-3　手机端设置代理服务器

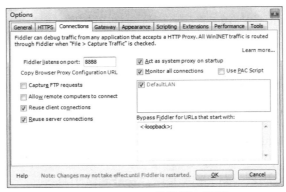

图 10-4　Fiddler 监控端口设置

通过上述操作，被测应用的网络交互 Fiddler 都将捕获。

3．Android 自身抓包

Android 使用 ADB 通过 uid 可以查询到流量统计，但被测应用所在的设备需获得 Root 权限，而且需连接真机。ADB 使用方法如下。

```
proc/Uid_stat/{uid}/tcp_snd   上传流量
proc/Uid_stat/{uid}/tcp_rcv   下载流量
```

流量测试需关注以下几个测试场景。

（1）应用首次启动的流量提示。

（2）应用后台连续运行 2 小时的流量值。

（3）应用在运行极限的平均流量值。

（4）针对场景法涉及的应用主流程方面的测试。

（5）在首次登录时的平均值。

10.3.3　兼容性测试

随着硬件设备发展的迅猛，市面上出现了越来越多的移动设备，因此用户使用的环境更加复杂，兼容性测试问题就显得非常常见。移动应用发布之前必须进行严格的兼容性测试。严格来说兼容性测试也称为功能测试，只是移动应用的兼容性更多考虑的是终端设备的软件及硬件环境。

移动应用实施兼容性测试时，首先需要确定测试机型，因为目前市面的终端设备型号太多太杂，无法做到所有设备的全面覆盖，仅能覆盖到大部分用户使用的机型，对于测试人员而言，可通过一些数据分析公司发布的流行机型来确定测试范围。这里以友盟公司发布的流行机型、系统、分辨率等统计报告作为测试范围参考。

确定了测试范围后，即可实施兼容性测试，通常关注以下几个方面。

1．操作系统

针对 iOS，需要考虑不同的版本，如 11、12、13 等及最新的版本。

针对 Android，需考虑 5.x、6.x、7.x 及最新的版本。

针对 HarmonyOS，同样需要其每个版本在不同设备上的兼容问题。

2．屏幕分辨率

由于显示屏技术不断提升和更新，手机屏幕分辨率也在逐步提升，截至目前，主流机型经历了 800 px*480 px、960 px *640 px、1280 px *720 px、1920 px *1080 px、2560 px *1440 px 等几个分辨率。对于 iOS，相对简单一些，主要考虑近几代 iPhone 机型，如 11、12 以及 13 等。

如果一个 App 对屏幕分辨率没有做过处理，那么软件就会出现错位、遮挡、留白、拉伸等各种问题。

3. 硬件系统构架

与苹果不同，各个 Android 系统应用厂商会定制不同的 ROM，因此需考虑被测应用在不同 ROM 上的表现。如果 ROM 不兼容，则会出现调用相机以及底层服务不兼容的情况。

10.3.4　耗电量测试

耗电量测试分为硬件检测、软件检测两种。

1. 硬件检测

取掉设备电池，直接连接外部电源，通过外部电源电量监控获取电量数据，但是无法细分每个应用的耗电量情况。如果测试某个应用，需尽可能减少其他应用的耗电干扰。

2. 软件检测

软件检测则相对方便，可监控某个具体应用的耗电量，如业内常用 Android 电量测试工具 Gsam Battery Monitor pro、iOS 常用的 Energy Diagnostics Instruments。

10.3.5　弱网络测试

移动应用相比 PC 应用，前者多数情况下都需要使用网络，并且具有多样性，除了 Wi-Fi 很多时候都是在移动网络下使用。移动网络通常可能存在信号被屏蔽、基站不稳定、站点接入超限等问题。App 需在上述相对复杂的环境下继续工作或保证数据安全，这就需要在其发布前开展弱网络测试。

1. 外场测试

外场测试时，测试人员模拟真实的应用环境，在不同的地址场景下，如隧道、地下室、商场、立交桥、山脚、友商基站等。使用移动 3G、4G、5G 网络进行测试。这种测试方法真实性强，但成本高。

2. 模拟测试

与外场测试相比，模拟测试成本则低得多。使用网络代理软件，将被测设备和 PC 连接同一个网络，利用网络代理软件的限速功能来实现模拟弱网络。通常模拟 3G 网络时，网速在 20kbit/s～200kbit/s；模拟 4G 网络时，网速在 150kbit/s～2Mbit/s 之间。此方法适用于任何手机客户端。

除了上述常用的应用测试关注点之外，还有稳定性测试、安装卸载测试、基准测试等。

实训课题

阐述移动应用测试与 Web 测试的相同点与不同点。

第 11 章 软件测试工具

本章要点

工欲善其事，必先利其器，高效开展软件测试活动，除了测试工程师工作中认真敬业之外，还应有优秀的测试工具辅助他们，本章全面介绍了目前业内常用的测试工具，包括测试管理工具 ALM、禅道，单元测试工具 JUnit、TestNG，接口测试工具 JMeter、Postman，自动化测试工具 Selenium、Appium 及性能测试工具 LoadRunner。

学习目标

1. 了解常用测试管理工具有哪些，选择一个强化学习。
2. 了解单元测试工具。
3. 了解常用接口测试工具有哪些，学习 JMeter 的使用方法。
4. 熟悉自动化测试工具，并学习 Selenium、Appium 的使用方法。
5. 掌握性能测试工具 LoadRunner 的使用方法并能应用于实际项目（学以致用）。

11.1 测试管理工具

软件测试活动开展过程中，将会涉及大量的测试活动管理及资源文档管理，因此，拥有一个完善、有效的测试管理工具，将会给软件测试工作带来事半功倍的效果。目前业内应用较为广泛的两款测试管理工具，分别是 HP 的 ALM 和国内开源的项目管理软件——禅道。

11.1.1 ALM

ALM 用于软件研发活动的整个生命周期管理。由 HP 公司生产，其早期版本分别是 Test Direct 及 Quality Center。

ALM 分为前后台两大应用组件，从测试管理角度又分为后台 ALM 配置、项目定制及项目应用三大部分。

1. ALM 后台应用

ALM 后台主要包括站点项目、站点用户、站点连接、许可证、服务器、数据库服务器、站点配置、站点分析、项目计划和跟踪 9 个功能模块，如图 11-1 所示。

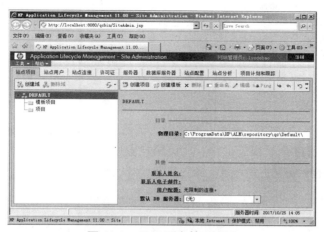

图 11-1 ALM 后台管理界面

用户可以通过后台进行 ALM 服务器配置，包括许可证、ALM 服务器及数据库服务器配置，如果需对邮件服务器、需求、缺陷模板进行调整，可在站点配置设置。

站点项目、站点用户及站点连接主要处理项目类的应用，通常先创建用户，然后创建项目。在项目管理过程中，若需群发消息或用户异常退出或需结束某个用户的会话，则可在站点连接中处理。

站点分析及项目计划和跟踪应用较少。

2. 项目自定义

站点管理员在后台设置好项目并创建项目管理员后，项目管理员即可对项目进行具体的项目配置，如该项目组成员、成员权限、项目字段及自定义脚本开发等。项目自定义界面如图 11-2 所示。

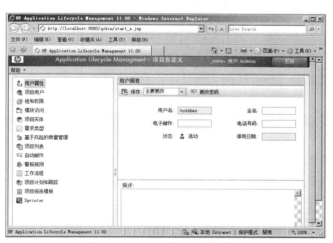

图 11-2 ALM 项目自定义界面

利用 ALM 进行项目管理时，每个项目管理员在安排项目组相关人员使用 ALM 时，都需要对项目进行自定义配置。如 ALM 默认项目组权限中，Project Manage 用户组具有删除缺陷的权限，而在实际项目管理过程中，任何人都不应具有删除缺陷的权限，因此需要进行权限调整。

根据团队每个人员的职责，ALM可以定制每个组成员工作界面，项目管理员可在"工作流程"模块中具体设置。

每个项目团队的工作流程可能不一样，项目管理员根据具体项目调整后，每个项目组成员即可利用账号信息登录后开展具体工作。

3. ALM 项目管理

项目管理员配置好项目应用属性，如权限、流程、显示界面等，项目组成员即可利用分配的账号登录ALM前台开展相关工作。成员用户应用界面如图11-3所示。

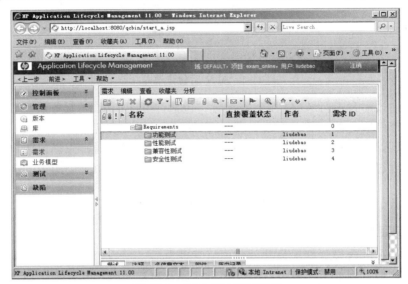

图 11-3　项目成员应用界面

（1）需求

测试工程师根据需求规格说明书提取相关测试需求后，在"需求"模块编写测试需求。根据具体测试需求划分方法，比如以软件质量特性划分，以树形目录结构显示。

所有测试需求提取后，即可转换为测试点，便于后期的测试用例设计。

（2）测试

"测试"模块包含测试用例及测试集。测试人员提取测试需求后，利用测试用例设计方法进行相关的用例编写。以往的测试用例多用Excel管理，而现在可以以ALM的"测试"模块进行有效管理，可更加方便地设计测试集。

测试用例设计完成经过评审后，即可组织人员实施测试执行。同样，ALM提供了测试用例到测试集的转换。

（3）缺陷

测试集执行过程中发现的缺陷，可在"缺陷"模块提交，整个缺陷管理流程均在"缺陷"模块中完成。

除了缺陷管理功能外，ALM在"缺陷"模块中提供了多个形式的报告输出功能，更便于测试人员输出有效的测试报告。

ALM具有非常丰富的功能，但其价格相对昂贵，跨国、有实力的公司可能会采购，但很多创业型或小公司则会采用开源的项目管理软件，如禅道、MyPM等。

11.1.2　禅道

禅道是国内第一款开源的项目管理软件，集产品管理、项目管理、质量管理、文档管理、组织管理和事务管理于一体，是一款功能完备的项目管理软件，完美地覆盖了项目管理的核心流程，如图 11-4 所示。

图 11-4　禅道项目管理软件

测试工程师在禅道平台更多应用的是"测试"模块，测试模块中包括用例、用例库、Bug、报告等功能，与 ALM 类似，从需求分析、用例设计、用例执行、缺陷管理、报告输出完整实现了软件测试流程管理。

与 ALM 的缺陷报告分析功能相比，禅道提供了更多的缺陷分析功能，这样项目管理人员更容易获取当前软件系统的版本质量，从而更有效地实施项目管理。

11.2　单元测试工具

软件测试理论中有一个观点：单元测试大约能发现 80%的缺陷。这就意味着如果在单元测试阶段投入更多的精力，则可最大程度地降低软件系统中的缺陷。因此，很多软件研发流程规范的公司，都会开展有效的单元测试活动，但单元测试对测试人员的技术要求较高，实施成本相对较高。

由于目前大多数企业级应用开发语言基本都是 Java，故而行业内应用较多的单元测试工具为 JUnit 及 TestNG。

11.2.1　JUnit

传统的单元测试需要针对被测对象重新编写调用断言程序，从而验证被测函数或类的正确性，项目规模小的时候测试人员尚能承受，随着项目的不断复杂化，工作量呈数量级增加，测试人员需要投入更多的精力，而企业也需要投入更多的成本，而 JUnit 的出现，解决了之前的一切问题，使得单元测试变得非常简单，易于实施。

JUnit 是一个 Java 语言的单元测试框架。由 Kent Beck 和 Erich Gamma 开发的一个回归测试框架。目前多数 Java 开发环境都已经集成了 JUnit 作为单元测试工具。

JUnit 提供了强大的断言功能（见表 11-1），测试实施过程中，利用断言方便地判断被测对象的预期结果与实际结果是否匹配。

表 11-1　JUnit 断言方法列表

断言	描述
void assertEquals([String message], expected value, actual value)	断言两个值相等。值可能是 int、short、long、byte、char 或 java.lang.Object。第一个参数是一个可选的字符串消息
void assertTrue([String message], boolean condition)	断言一个条件为真
Void assertFalse([String message],boolean condition)	断言一个条件为假
void assertNotNull([String message], java.lang.Object object)	断言一个对象不为空（null）
void assertNull([String message], java.lang.Object object)	断言一个对象为空（null）
void assertSame([String message], java.lang.Object expected, java.lang.Object actual)	断言两个对象引用相同的对象
void assertNotSame([String message], java.lang.Object unexpected, java.lang.Object actual)	断言两个对象不是引用同一个对象
void assertArrayEquals([String message], expectedArray, resultArray)	断言预期数组和结果数组相等。数组的类型可能是 int、long、short、char、byte 或 java.lang.Object

　　目前 JUnit 已经集成在 MyEclipse 中，利用 JUnit 实施单元测试时，只需在代码中调用即可，如果没有预置，在引用时加入 JUnit jar 包即可。

　　（1）进入 Java 工程属性配置界面，如图 11-5 所示。

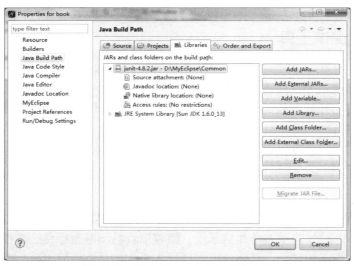

图 11-5　MyEclipse 中引入 JUint 包

　　（2）选择"Java Build Path"，右边选项卡选择"Libraries"，单击"Add Library"按钮，出现图 11-6 所示的界面。

　　（3）选择 JUnit 包后，单击"Next"按钮，进入图 11-7 所示的界面进行 JUnit 版本的选择。

图 11-6　选择 JUnit 包

图 11-7　选择 JUnit 版本

（4）确认后单击 "Finish" 按钮，完成 JUnit 导入操作。

完成 JUnit 包引入后，即可开展单元测试活动，如图 11-8 所示。

图 11-8　JUnit 测试结果界面

11.2.2　TestNG

TestNG 与 JUnit 一样，属于 Java 语言中的一个测试框架，TestNG 与 JUnit 相比功能更为强大，JUnit 目前仅能实现单元测试，并且在编程语法上具有一定的局限性，而 TestNG 更为简洁，同时支持多组测试 Case 及更多的测试应用，如功能测试、自动化测试等。

目前很多的测试人员已经从 JUnit 阵营投入 TestNG 领域来，其中一种比较常见的测试应用即是利用 TestNG+WebDriver 实现 Web 自动化测试。下面示例为 TestNG+WebDriver 组合打开百度首页，输入搜索条件后进行查找。

```
package com.ErbaoTest;
import org.testng.annotations.Test;
import org.testng.annotations.BeforeTest;
import org.testng.annotations.AfterTest;
```

```
import org.openqa.selenium.By;
import org.openqa.selenium.WebDriver;
import org.openqa.selenium.ie.InternetExplorerDriver;

public class LoginOA {
    WebDriver driver = new InternetExplorerDriver();

  @Test
  public void f() throws Exception{
      driver.findElement(By.name("name")).clear();
      driver.findElement(By.name("name")).sendKeys("admin");
      driver.findElement(By.name("pwd")).sendKeys("111111");
      driver.findElement(By.name("imageField2")).click();
  }
  @BeforeTest
  public void beforeTest() {
      System.out.println("初始化测试环境");
      driver.get("http://www.ryjiaoyu.com:8080/oa/");
  }

  @AfterTest
  public void afterTest() {
      System.out.println("退出 IE");
      driver.quit();
  }
}
```

上述代码执行完成后，TestNG 日志显示了整个脚本执行过程，如图 11-9 所示。

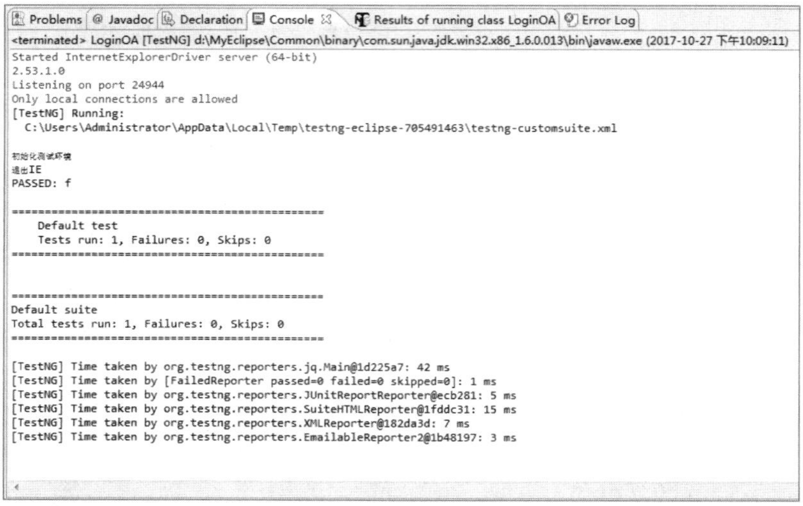
Problems @ Javadoc Declaration Console Results of running class LoginOA Error Log
<terminated> LoginOA [TestNG] d:\MyEclipse\Common\binary\com.sun.java.jdk.win32.x86_1.6.0.013\bin\javaw.exe (2017-10-27 下午10:09:11)

```
Started InternetExplorerDriver server (64-bit)
2.53.1.0
Listening on port 24944
Only local connections are allowed
[TestNG] Running:
  C:\Users\Administrator\AppData\Local\Temp\testng-eclipse-705491463\testng-customsuite.xml

初始化测试环境
退出IE
PASSED: f

===============================================
    Default test
    Tests run: 1, Failures: 0, Skips: 0
===============================================


===============================================
Default suite
Total tests run: 1, Failures: 0, Skips: 0
===============================================

[TestNG] Time taken by org.testng.reporters.jq.Main@1d225a7: 42 ms
[TestNG] Time taken by [FailedReporter passed=0 failed=0 skipped=0]: 1 ms
[TestNG] Time taken by org.testng.reporters.JUnitReportReporter@ecb281: 5 ms
[TestNG] Time taken by org.testng.reporters.SuiteHTMLReporter@1fddc31: 15 ms
[TestNG] Time taken by org.testng.reporters.XMLReporter@182da3d: 7 ms
[TestNG] Time taken by org.testng.reporters.EmailableReporter2@1b48197: 3 ms
```

图 11-9　TestNG 执行日志

至于其他的 WebDriver 方法，读者可自行学习，目前这种自动化测试方法相对主流，与传统的基于 UI 界面的自动化测试有较大的差异，建议读者加强学习，从而更能胜任日益复杂的测试工作。

11.3 接口测试工具

接口测试，即验证组件间的数据传递及处理是否正确，不关注被测对象的实现形式。传统的功能测试，测试人员通过 UI 界面模拟最终用户进行业务操作，从而发现可能存在的缺陷，这种方式在项目后期可有效地解决功能及 UI 层面的问题时。但在测试初期，并不一定设计了 UI 界面，或者需要更快速发现数据传递、逻辑处理的问题时，则显得力不从心了。

接口测试分为组件间接口、系统间测试两种形式。组件间接口通常为一个系统、一个组件，甚至一个函数或类内部，都存在接口。如单元测试中针对每个类或函数的参数调用。系统间接口，通常可以利用为两个不同的系统间，如第三方登录、第三方支付等。这类接口测试相对较难，需要提供较为完善的接口文档。

目前业内主流接口测试工具主要有 JMeter、Postman、SoapUI 等几种，本节介绍相对常用的 JMeter 及 Postman。

11.3.1 JMeter

JMeter 是 Apache 组织开发的基于 Java 语言的压力/负载测试工具。与 LoadRunner 一样，JMeter 用于对软件做压力/负载测试。随着应用范围的不断扩大及功能不断升级，越来越多的测试人员利用 JMeter 实施接口自动化测试。JMeter 提供断言功能，便于测试人员开发脚本验证被测对象的返回结果是否与预期结果一致。

JMeter 实施接口测试时，可独立于 UI 界面进行测试。以某订票系统登录功能而言，常规的登录功能测试流程如下。

（1）打开登录页面；

（2）输入用户名及密码；

（3）提交后验证能否成功登录。

通过上面的步骤，测试人员对登录功能开展了黑盒测试，需关注软件系统 UI 界面及业务逻辑是否正确，当测试需求变为需要快速地进行验证登录功能或经常回归登录功能时，巨大的、重复的工作量可能导致测试人员的工作效率降低。

JMeter 则提供了一种有效的快速接口回归测试解决方案，利用构造的 HTTP 请求与服务器进行验证，通过服务器的返回结果判断业务的正确性。

JMeter 的配置非常简单，直接从官方网站下载，先进行 jdk 配置，然后直接解压 JMeter 即可。

在 JMeter 的 bin 目录中，运行 JMeter.bat，出现图 11-10 所示的界面。

【案例 11-1 订票系统登录功能接口测试】

（1）使用 BadBoy 录制登录过程（见图 11-11），并保存为 JMeter 的 jmx 格式。

图 11-10　JMeter 应用界面

图 11-11　BadBoy 录制订票系统登录过程

（2）启动 JMeter，打开 BadBoy 录制的脚本文件，如图 11-12 所示。

图 11-12　订票系统登录请求列表

（3）添加"察看结果树"监听器，查阅回放后的结果，如图 11-13 所示。

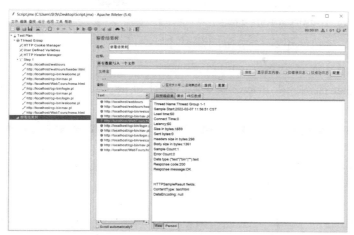

图 11-13　添加察看结果树功能

（4）设置断言，检测服务器返回结果中是否存在登录账号信息，如图 11-14 所示的"admin"，如果有，则登录成功，否则登录失败。

图 11-14　添加断言验证登录状态

上述过程即是 JMeter 实施一个简单接口测试过程，不关注被测对象的 UI 表现，与基于 UI 层面的自动化测试工具相比，JMeter 更灵活，效率更高，不会因为 UI 设计变更而重新开发脚本。

JMeter 除了可以实现接口功能测试之外，实际上它的主营业务是负载测试。通过设置线程池、参数化、关联等类似于 LoadRunner 的策略设置后，同样可以实现性能测试。

11.3.2　Postman

对于没有 UI 界面，纯粹是数据传递或业务逻辑处理的接口 API 时，利用 Postman 也是个不错的选择。

Postman 是一种网页调试与发送网页 HTTP 请求的 Chrome 插件，可以非常便捷快速地模拟 GET、POST 等方法的请求。

从 HTTP 协议可知，请求发送一般包括 URL、Header、Body 及 Method 部分，Postman 只需填写这几部分，选择合适的请求发送方式即可模拟 HTTP 交互过程，如果接口需登录验证，Postman 提供了 Authorization 方法。

【案例 11-2　discuz 论坛登录接口测试】

discuz 论坛登录功能利用 Postman 进行测试。

（1）通过 Fiddler 抓包分析 discuz 登录接口地址为 http://www.ryjiaoyu.com/discuz/member.php，如图 11-15 所示。

图 11-15　获取 discuz 登录接口地址

（2）利用 Postman 构造 Post 请求，并登录系统，如图 11-16 所示。

图 11-16　Postman 请求发送成功

Postman 根据请求地址，自动提取响应的参数段，测试人员仅需对相关参数段进行设置即可。如果传输的数据格式为 JSON 格式，Postman 提供了 JSON 格式请求发送功能。

Postman 在测试 App 接口方面具有一定的优势，App 应用开发初期可能涉及大量的接口数据处理，可利用 Postman 快速构建请求，设置验证点，在 Test 模块中实现返回结果与预期结果的比较，从而实现测试目的。

11.4　自动化测试工具

软件测试活动实施时，除了正常的人工手工测试外，可根据具体的测试对象特性选择自动化测试方式。

自动化测试，利用自动化测试工具，通过录制/编程方式实现测试活动，发现被测对象存在的缺陷，从而替代手工测试活动。自动化测试不局限于某个具体测试阶段，也不局限被测对象的类型，只要满足自动化测试的必要条件即可实施。

1. 自动化测试条件

自动化测试与手工测试不同，工具不具备主观能动性，无法针对被测对象的现状做出智能判断（至少目前尚不能），无法像人一样具体问题具体分析，因此，在测试过程中实施自动化测试，必须具备以下几个条件。

（1）长期项目或者产品，需求变化较小，UI 相对稳定。

（2）机械或频繁的业务操作。

（3）系统接口划分清晰，可独立运行或者设置挡板程序模拟运行。

（4）测试活动开展初期制定自动化测试策略。

（5）有足够的人力/财力投入。

2. 自动化测试优点

自动化测试有以下优点。

（1）减少重复操作，提高测试人员工作效率。

（2）脚本复用，针对长期需求稳定的软件系统减少了测试成本投入。

（3）无限循环执行测试，并能自定义更符合团队需求的测试报告。

（4）测试过程一致性得到保证，通过计算机程序的执行，减少了人为的干扰或错误。

（5）更利于回归测试，在版本迭代过程中，能够快速开展有效的回归测试。

3. 自动化测试的缺点

自动化测试有以下缺点。

（1）对测试人员技能要求较高，需要掌握一定的编程技能。

（2）自动化测试实施初期，成本较高。

（3）脚本维护工作量即使在相对稳定的软件环境下，仍是一个不小的工作量。

（4）基于 UI 层面的自动化测试，一旦被测系统发生较大的 UI 或业务逻辑变化，则脚本几乎不可复用。

（5）短期内无法替代手工测试，发现的缺陷少于手工测试。

根据被测系统的结构形式，目前业内主要有两款开源的基于 UI 层面的自动化测试工具应用较为广泛，一是测试 Web 结构的 Selenium，二是测试移动应用结构的 Appium。商用的自动化测试工具则是 HP 公司生产的 UFT（Unified Functional Testing）相对应用较为广泛，但业内未来的应用趋势是首选开源软件，因此本书不介绍 Selenium 和 Appium 之外的自动化测试工具。

11.4.1　Selenium

Selenium 由 thoughtworks 公司研发、提供了丰富测试函数用于实施 Web 自动化的一款非常流行的测试工具。Selenium 直接运行于浏览器中，更真实地模拟了用户的业务行为，验证被测对象的功能表现及在不同浏览器中的兼容性特性。与传统的自动化测试工具不同，Selenium 没有独立的操作 UI 界面，支持更多的编程语言，如 Java、Python 等，更为简洁与快捷，易于测试工程师掌握应用。

Selenium 实际上不是一个测试工具，而是一个工具集，其主要由三个核心组件构成：Selenium IDE、Selenium Remote Control（RC）及 Selenium Grid。

1．Selenium IDE

Selenium 开发测试脚本的集成开发环境，像 FireFox 的一个插件，可以录制/回放用户的基本操作，生成测试用例，运行单个测试用例或测试用例集。

2．Selenium Remote Control

支持多种平台（Windows、Linux）和多种浏览器（IE、FireFox、Opera、Safari），可以用多种语言（Java，Ruby，Python，Perl，PHP，C#）编写测试用例。Selenium 为这些语言提供了不同的 API 及开发库，便于自动编译环境集成，从而构建高效的自动化测试框架。

3．Selenium Grid

允许 Selenium-RC 针对规模庞大的测试案例集或者需要在不同环境中运行的测试案例集进行扩展。这样，许多的测试集可以并行运行，从而提高测试效率。

Selenium 自 2004 年诞生以来，曾经历了三个大版本变化：Selenium 1、Selenium 2 及 Selenium 3。Selenium 2 又称为 WebDriver，WebDriver 对浏览器的支持需要对应框架开发工程师做对应的开发，Selenium 必须操作真实浏览器，但是 WebDriver 可以用 HTML Unit Driver 来模拟浏览器，在内存中执行用例，更加轻便。Selenium 1 中测试工程师使用 Selenium IDE 录制开发对应的测试脚本，但在 WebDriver 中，仅需引入对应的 API，即可利用 Java 或 Python 等语言开发工具进行测试脚本开发，Selenium IDE 渐渐被放弃。

利用 Selenium 进行 Web 自动化测试时，可采用 Python 语言，Python 常用的开发平台为 PyCharm。PyCharm 是由 JetBrains 打造的一款 Python IDE，功能齐全，编译方便，目前软件测试行业应用其做 Python 脚本开发较多。

【案例 11-3　Webtour 网站用户登录自动化测试】

Webtour 网站用户登录功能，利用 Selenium+Python 实现自动化测试。

```python
#coding : utf-8
from selenium import webdriver
import time
import unittest
import HTMLTestRunner
#from selenium.webdriver.support import expected_conditions as  EC

class UserRegist(unittest.TestCase):
    def setUp(self):
        self.driver = webdriver.Ie()
        self.driver.get('http://www.ryjiaoyu.com/WebTours/index.htm')

    def locateframe(self):
        self.driver.switch_to.frame("body")
```

```
        def testRegist(self):
            self.locateframe()
            self.driver.switch_to.frame("navbar")
            time.sleep(2)
            username = self.driver.find_element_by_name("username")
            password = self.driver.find_element_by_name("password")
            username.send_keys("jojo")
            password.send_keys("bean")
            self.driver.find_element_by_name("login").click()
            time.sleep(2)
            self.driver.switch_to.parent_frame()
            self.locateframe()
            self.driver.switch_to.frame("info")
            flag = UserRegist.isexist(self)
            if flag:
                print("ok")
            else:
                print("fail")
        def isexist(self):
            flag = True
            try:
                self.driver.find_element_by_css_selector("html>body>blockquote>b")
                return flag
            except:
                flag = False
                return flag


        def tearDown(self):
            self.driver.quit()


if __name__ == "__main__":
 #   unittest.main()
    testsuit = unittest.makeSuite(UserRegist)
    reportpath = "d:\\pythontest.html"
    fp = open(reportpath,"wb")
    runner = HTMLTestRunner.HTMLTestRunner(stream=fp,title=u'Web Tour 登录测
试报告',description=u'用例执行情况')
    runner.run(testsuit)
    fp.close()
```

执行完成后，Selenium 结合 HTMLTestRunner 插件输出测试结果如图 11-17 所示。

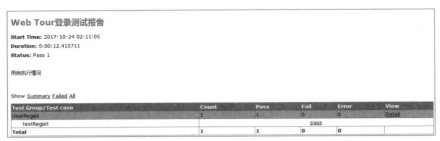

图 11-17　HTMLTestRunner 报告格式

Selenium 与基于 UI 层面的自动化测试工具相比更为简单，无须管理太多的对象，被测对象如果前端设计相对规范的话，自动化脚本开发相对较为容易。

Selenium 本身拥有非常强大的功能，因为篇幅有限，本书仅做简要介绍，感兴趣的读者可通过官网或者联系作者，学习更多更实用的技能。

11.4.2　Appium

Web 系统自动化因为历史悠久，发展相对成熟，而移动应用自动化测试则是最近几年才流行起来，两者在测试技术上存在一些差异。

1. 测试工具不同

在 Web 测试上，测试人员一般使用 UFT 或者是 Selenium 等作为自动化测试工具，而在移动应用上一般采用 Selenroid 或者 Appium 等工具作为自动化测试工具。

2. 测试平台不同

在 Web 测试上一般测试平台为 Windows、Mac、Linux，移动应用关注平台为 iOS、Android、FirefoxOS 等。

3. 技术成熟度不同

因 Web 与桌面应用程序比移动应用出生时间较早，自动化测试工具比移动应用自动化工具更加成熟。移动端的自动化测试仍需时间发展革新。

Selenium 是目前业内应用较多的 Web 自动化测试工具，而开源的移动应用自动化测试工具，则多采用 Appium。

Appium 是一个开源、跨平台的测试框架，可以用来测试原生及混合的移动端应用。Appium 支持 OS、Android。Appium 使用 WebDriver 的 json wire 协议，驱动 Apple 系统的 UIAutomation 库及 Android 系统的 UIAutomator 框架。

Appium 支持 Selenium WebDriver 支持的所有语言，如 Java、Object-C、JavaScript、Php、Python、Ruby、C#或者 Perl 语言，还可以使用 Selenium WebDriver 的 Api，实现真正的跨平台自动化测试。

1. Appium 工作原理

Appium 支持 Android 及 iOS 平台的 App 测试，两者的运行原理大体相同。

（1）Android 平台

①由 Client 发起请求，经过中间服务套件，驱动 App 执行相关的操作。 Client 是测试人员开发的 WebDriver 测试脚本。

②中间服务套件则是 Appium 解析服务，Appium 在服务端启用 4723 端口，通过该端口

实现 Client 与 Appium Server 通信。Appium Server 把请求转发给中间件 Bootstrap.jar。Bootstrap.jar 安装在手机上。Bootstrap 监听 4724 端口并接收 Appium 命令，最终通过调用 UIAutomator 命令来实现测试过程。

③Bootstrap 将执行的结果返回给 Appium Server。Appium Server 再将结果返回给 Client。

（2）iOS 平台

①由 Client 发起请求，经过中间服务套件，驱动 App 执行相关的操作。Client 是测试人员开发的 Webdriver 测试脚本。

②中间服务套件则是 Appium 解析服务，Appium 在服务端启用 4723 端口，通过该端口实现 Client 与 Appium Server 通信。Appium Server 调用 instruments.js 启动一个 Socket Server，同时分出一个进程运行 instruments.app，将 bootstrap.js（一个 UIAutomation 脚本）注入设备从而与外界进行交互。

③Bootstrap.js 将执行的结果返回给 Appium Server，Appium Server 再将结果返回给 Client。

Android 与 iOS 区别在于 Appium 将请求转发到 bootstrap.js 或者 bootstrap.jar，然后由 bootstrap 驱动 UIAutomation 或 UIAutomator 去设备上完成具体的动作。

2．Appium 脚本架构

进行 Appium 自动化测试之前，需启动 Appium 及被测对象，启动了 Appium 客户端后，利用编程工具执行脚本时，Appium 才能将脚本与被测设备建立联接，从而实现自动化测试。如果不启动客户端，则不能使用 WebDriver。

脚本中需首先导入 WebDriver，然后配置 Server，告诉 Appium 测试环境。使用 Desired_caps 函数进行设备联接信息。

以 Android 为例，设备联接参数主要有以下常用参数。

①desired_caps={}：设备参数信息，声明为一个字典。

②desired_caps['platformName']：应用平台的类型，通常为 Android、iOS 或 FirefoxOS。

③desired_caps['platformVersion']：被测设备系统版本，此处使用的是 Android 4.4.2 版本。

④desired_caps['deviceName']：设备名称，通常为手机类型或模拟器类型。通过 adb devices 查看。

⑤desired_caps['appPackage']：Android 应用程序包的包名，如此处的'com.test.ride'。

⑥desired_caps['appActivity']：Android 应用包中需启动的 Activity 名称，通常需要最先声明。Activity 可通过源代码直接看到，如果没有源代码，则可以反向编译或者通过打印的方式检测。

⑦desired_caps['unicodeKeyboard']：设置键盘输入法类型为 unicode，默认值为 False。

⑧desired_caps['resetKeyboard']：Unicode 测试结束后，重置输入法到原有状态。默认值为 False。

⑨driver=webdriver.Remote('http://www.ryjiaoyu.com:4723/wd/hub',desired_caps) 设置监听的端口信息。

上述内容设置了 Appium 与设备的通信信息。如果相关信息设置不正确，则无法实施测试。

3. UIAutomatorviewer 查找元素

利用 Appium 实现 App 自动化测试时，与 Selenium 测试 Web 系统一样，同样需要定位 UI 中的元素，在 Android-Sdk 中提供了 UIAutomatorviewer 工具用来查看 UI 中的元素。

UIAutomatorviewer 在 Android-Sdk 安装目录中的 tools 中，名称为 UIAutomatorviewer.bat。启动后的界面如图 11-18 所示。

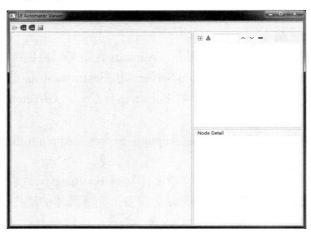

图 11-18　UIAutomatorviewer 启动界面

当真机或模拟器没有启动时，UIAutomatorviewer 无法实现 UI 界面同步。因此，使用 UIAutomatorviewer 识别对象时，需先连接真机或启动模拟器。这里以模拟器为例。

启动 Android-Sdk 自带的模拟器 AVD Manager，创建 Android 模拟机，如图 11-19 所示。

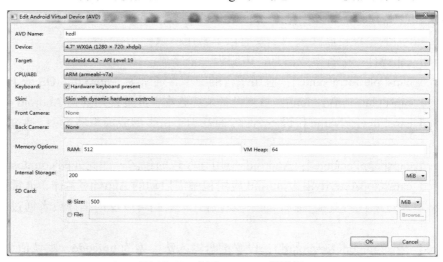

图 11-19　创建 Android 模拟机

创建完成后启动该模拟机，如图 11-20 所示。

虚拟机启动后，在 cmd 窗口中通过 adb devices 检查是否成功识别该设备，如图 11-21 所示。

虚拟机被成功识别后，即可运行 UIAutomatorviewer 通信虚拟机，获取 App 信息，如图 11-22 所示。

图 11-20　虚拟机成功启动界面

图 11-21　设备成功识别界面

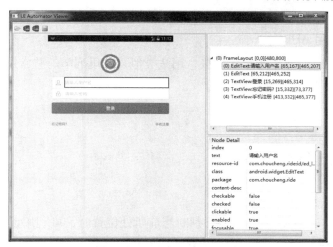

图 11-22　同步 App UI 信息

此时即可进行 App 元素识别，便于后续的 Appium 脚本编程。

4．Hierarchyviewer

在设置设备启动参数时，需确定被测对象的 Activity，Android-Sdk 开发包提供了 Hierarchyviewer.bat 方便测试人员查找 App 的 Activity。Hierarchyviewer.bat 在 Android-Sdk 的 tools 目录下。

进入 Android-Sdk 的 tools 目录，双击 Hierarchyviewer.bat，如果联接了真机或启动了虚拟机，Hierarchyviewer 将会自动获取设备主屏信息，如图 11-23 所示。

图 11-23　获取 App Activity 信息

图 11-23 所示显示了虚拟机中 App 的 Activity 为：

```
com.choucheng.ride.ui.activity.login.LoginActivity
```

通过上面的相关介绍，设置设备启动信息如下。

```
desired_caps={}
desired_caps['platformName']='Android'
desired_caps['platformVersion']='4.4.2'
desired_caps['deviceName']='hzdl'
desired_caps['appPackage']='com.test.ride'
desired_caps['appActivity']='com.choucheng.ride.ui.activity.login.LoginActivity'
desired_caps['unicodeKeyboard']='Ture'
desired_caps['resetKeyboard']='Ture'
driver=webdriver.Remote('http:// www.ryjiaoyu.com:4723/wd/hub',desired_caps)
```

5. Appium 常用 API

Appium 继承了 Selenium 的很多方法，用法类似，这里列举一些常用的 API 及其含义。

（1）is_app_installed

检测 App 是否已经安装。

（2）install_app

安装 app。

（3）remove_app

删除 app。

（4）current_activity

获取当前页面的 activity 名，当需要判断当前所处位置时，可利用该方法实现判断。

（5）wait_activity

完整 API 为 wait_activity(self, activity, timeout, interval=1)。等待指定的 activity 出现直到超时，interval 为扫描间隔 1 秒，每隔几秒获取一次当前的 activity，返回 True 或 False。

（6）find_element_by_id

通过元素 ID 定位元素。

（7）find_elements_by_id

通过元素 ID 定位元素列表，返回值包含该 ID 的所有元素。

（8）find_element_by_name()

通过元素 name 定位元素。

（9）find_elements_by_name()

通过元素 name 定位元素列表，返回值包含该 name 的所有元素。

（10）find_element_by_link_text

通过元素可见链接文本定位。

（11）find_element_by_xpath

通过 Xpath 定位元素。

（12）find_element_by_class_name

通过元素 class name 定位元素。

（13）find_elements_by_class_name

通过元素 class name 定位元素列表，返回值包含该 class name 的所有元素。

（14）find_element_by_accessibility_id

通过 accessibility id 查找元素。

（15）hide_keyboard

隐藏键盘。

（16）send_keys

模拟键盘输入信息。

（17）contexts

返回当前会话中的上下文，使用后可以识别 H5 页面的控件。该方法一般用于混合型 app。 在 native 和 html5 混合页面测试时，需要在 native 层和 H5 层切换，所以首先需要得到 context 层级的名称。

（18）text

返回元素的文本值。

（19）Click

点击元素。

（20）clear

清除输入的信息。

（21）is_selected

判断元素是否被选中。

（22）driver.get_screeshot_as_file

截屏。

（23）close

关闭当前窗口。

（24）Quit

退出所有窗口，并停止脚本运行。

6．Appium 与 UnitTest

与 Selenium 一样，Appium 同样可以使用 UnitTest 实施测试组织。如以下代码所示。

```
import os
import unittest
from appium import webdriver
from time import sleep

class ContactsAndroidTests(unittest.TestCase):
    def setUp(self):
        desired_caps = {}
        desired_caps['platformName'] = 'Android'
        desired_caps['platformVersion'] = '4.3'
        desired_caps['deviceName'] = 'Android Emulator'
        desired_caps['appPackage'] = 'com.example.android.contactmanager'
```

```
        desired_caps['appActivity'] = '.ContactManager'
        desired_caps['unicodeKeyboard']='Ture'
        desired_caps['resetKeyboard']='Ture'
        self.driver=webdriver.Remote('http://www.ryjiaoyu.com:4723/wd/hub',
desired_caps)

    def tearDown(self):
        self.driver.quit()

    def test_add_contacts(self):
        sumcount = len(open("C:/contactname.txt",'rU').readlines())
        for i in range(1,sumcount):
            def test_getvalue(filepath,m):
                    sumcount = len(open(filepath,'rU').readlines())
                    eachcountvalue=linecache.getline(filepath,m)
                    return str(eachcountvalue)
            print test_getvalue("C:/contactname.txt",1)
            print "------------------------testing ----------------------"
            el = self.driver.find_element_by_accessibility_id("Add Contact")
            el.click()
            textfields = self.driver.find_elements_by_class_name
("android.widget.EditText")
            test=str(test_getvalue("C:/contactname.txt",i))
            print "your input number is:", i
            print i,test
            textfields[0].send_keys(test)
            textfields[2].send_keys(test)

            self.assertEqual(test, textfields[0].text)
            self.assertEqual(test, textfields[2].text)

            self.driver.find_element_by_accessibility_id("Save").click()
            alert = self.driver.switch_to_alert()
            self.driver.find_element_by_android_UIAutomator('new UiSelector().
clickable(true)').click()

if __name__ == '__main__':
    suite= unittest.TestLoader().loadTestsFromTestCase(ContactsAndroidTests)
```

```
unittest.TextTestRunner(verbosity=2).run(suite)
```

上述案例是初学者经常看到的 Demo 代码，通过该代码可以看到，Appium 通常可以利用 UnitTest 进行测试脚本组织及执行。

7. Appium 与 HTMLTestRunner

Appium 除了可以利用 UnitTest 外，还可以使用 HTMLTestRunner 处理测试报告，具体应用方法与 Selenium 相同，这里不做过多阐述。

8. Appium 测试案例

通过上述基础知识的介绍，测试人员可以利用 Python 开发 Appium 自动测试脚本对 App 进行自动化测试。

【案例 11-4　App 巡检脚本开发】

利用 Appium+UnitTest+HTMLTestRunner 实现自动化 App 巡检脚本开发。

（1）登录功能巡检脚本

登录功能主要包括用户名、密码及登录控件，UI 界面如图 11-24 所示。

图 11-24　App 登录界面

登录巡检功能流程如下。

①打开 App。

②单击【用户名】输入测试手机号码。

③单击【密码】 输入用户密码。

④单击【登录】按钮，完成登录。

代码如下。

```
# -*-coding: utf-8 -*-

from appium import webdriver
from time import sleep
from random import randint


desired_caps={}
desired_caps['platformName']='Android'
desired_caps['platformVersion']='4.3.0'
desired_caps['deviceName']='test1'
desired_caps['appPackage']='com.test.ride'
desired_caps['appActivity']='com.choucheng.ride.ui.activity.login.LoginActivity'
desired_caps['unicodeKeyboard']='Ture'
desired_caps['resetKeyboard']='Ture'
driver=webdriver.Remote('http://www.ryjiaoyu.com:4723/wd/hub',desired_caps)


def test_login():
    for i in range(1,3):
        if i==1:
```

```
        print "i==1"
        username=driver.find_element_by_id('ed_login_user')
        password=driver.find_element_by_id('ed_login_pwd')
        login=driver.find_element_by_id('tv_login_login')
        username.send_keys("18612345678")
        password.send_keys("123456")
        login.click()
        sleep(10)
        driver.get_screenshot_as_file("c:/png1.png")
        driver.reset()
    elif i==2:
        print "i==2"
        sleep(5)
        username=driver.find_element_by_id('ed_login_user')
        password=driver.find_element_by_id('ed_login_pwd')
        login=driver.find_element_by_id('tv_login_login')
        username.send_keys("18612345678")
        password.send_keys("cc122434")
        login.click()
        driver.get_screenshot_as_file("c:/png2.png")
        driver.reset()
        break
test_login()
sleep(3)
```

（2）筛选功能巡检脚本

筛选功能主要提供了选择车系的功能，如图 11-25 所示。

筛选功能巡检流程如下。

①打开 App。

②单击【用户名】输入测试手机号码。

③单击【密码】输入用户密码。

④单击【登录】按钮，完成登录。

⑤在 App 主界面单击【筛选】按钮。

⑥在 App【筛选】下单击 "11 路"。

⑦在【11 路】下再次单击【11 路】。

⑧截图查看自动化的最终结果。

代码如下。

图 11-25　筛选车系界面

```
# -*-coding: utf-8 -*-

from appium import webdriver
from time import sleep
```

```python
from random import randint

desired_caps={}
desired_caps['platformName']='Android'
desired_caps['platformVersion']='4.3.0'
desired_caps['deviceName']='test1'
desired_caps['appPackage']='com.test.ride'
desired_caps['appActivity']='com.choucheng.ride.ui.activity.login.LoginActivity'
desired_caps['unicodeKeyboard']='Ture'
desired_caps['resetKeyboard']='Ture'
driver=webdriver.Remote(http://www.ryjiaoyu.com:4723/wd/hub',desired_caps)
def test_login():
    sleep(5)
    username=driver.find_element_by_id('ed_login_user')
    password=driver.find_element_by_id('ed_login_pwd')
    login=driver.find_element_by_id('tv_login_login')
    username.send_keys("18612345678")
    password.send_keys("123456")
    login.click()
    sleep(10)
    driver.get_screenshot_as_file("c:/jpg1.png")
    sleep(2)
def test_choose_method(choose_car):
    driver.find_element_by_id('com.test.ride:id/tv_screen').click()
    sleep(10)
    driver.find_element_by_name(choose_car).click()
    sleep(15)
    driver.tap([(115,149)],500)
    sleep(10)
    driver.get_screenshot_as_file("c:/jpg2.png")
def test_choose():
    for i in range(1,3):
        if i==1:
            test_choose_method('11路')
        elif i==2:
            test_choose_method('奥迪')
            break
test_login()
test_choose()
```

```
    sleep(3)
    driver.reset()
```

（3）信息发布巡检脚本

信息发布功能提供个人发布当前心情状态信息，根据选择不同主题然后发布信息，如图 11-26 所示。

图 11-26　状态发布功能

信息发布功能巡检流程如下。

①打开 App。

②单击【用户名】输入测试手机号码。

③单击【密码】 输入用户密码。

④单击【登录】按钮，完成登录。

⑤在 App 主界面单击【发布】按钮。

⑥在 App【发布】下随机选择发布主题。

⑦单击界面右上角的【发布】按钮。

⑧截图查看自动化的最终结果。

⑨输出测试报告。

代码如下。

```python
# -*- coding: gbk -*-
from appium import webdriver
from time import sleep
import unittest
import  sys,time,re,datetime,HTMLTestRunner
class ride_method(unittest.TestCase):
    def setUp(self):
        desired_caps={}
        desired_caps['platformName']='Android'
        desired_caps['platformVersion']='4.3.0'
        desired_caps['deviceName']='test1'
        desired_caps['appPackage']='com.test.ride'
        desired_caps['appActivity']='com.choucheng.ride.ui.activity.login.
```

```
LoginActivity'
        desired_caps['unicodeKeyboard']='Ture'
        desired_caps['resetKeyboard']='Ture'
        self.driver=webdriver.Remote('http://www.ryjiaoyu.com:4723/wd/hub',
desired_caps)
    def tearDown(self):
        self.driver.quit()

    def test_login(self):
        for i in range(1,3):
            if i==1:
                print "i==1"
                username=self.driver.find_element_by_id('ed_login_user')
                password=self.driver.find_element_by_id('ed_login_pwd')
                login=self.driver.find_element_by_id('tv_login_login')
                username.send_keys("18612345678")
                password.send_keys("1234516")
                login.click()
                sleep(10)
                self.driver.get_screenshot_as_file("c:/png1.png")
                self.driver.reset()
            elif i==2:
                print "i==2"
                sleep(5)
                username=self.driver.find_element_by_id('ed_login_user')
                password=self.driver.find_element_by_id('ed_login_pwd')
                login=self.driver.find_element_by_id('tv_login_login')
                username.send_keys("18612345678")
                password.send_keys("123456")
                login.click()
                sleep(10)
                self.driver.get_screenshot_as_file("c:/png2.png")
    def test_sendMessage(self):
        self.driver.reset()
        username=self.driver.find_element_by_id('ed_login_user')
        password=self.driver.find_element_by_id('ed_login_pwd')
        login=self.driver.find_element_by_id('tv_login_login')
        username.send_keys("18612345678")
```

```
            password.send_keys("123456")
        login.click()
        sleep(12)
        for i in range (1,5):
            if i==1:
                print "i==1"
                self.driver.find_element_by_id('com.test.ride:id/tv_send').click()
                sleep(10)
                self.driver.find_element_by_name('转速已爆表').click()
                sleep(10)
                self.driver.find_element_by_id('com.test.ride:id/iv_title_
right').click()
                sleep(10)
                self.driver.get_screenshot_as_file("c:/png2.png")
            elif i==2:
                print "i==2"
                self.driver.find_element_by_id('com.test.ride:id/tv_send').click()
                sleep(10)
                self.driver.find_element_by_name('开着 S 路线').click()
                sleep(10)
                self.driver.find_element_by_id('com.test.ride:id/iv_title_
right').click()
                sleep(10)
                self.driver.get_screenshot_as_file("c:/send2.png")
            elif i==3:
                print "i==3"
                sleep(5)
                self.driver.find_element_by_id('com.test.ride:id/tv_send')
.click()
                sleep(2)
                self.driver.find_element_by_name('我环保我健康').click()
                self.driver.find_element_by_id('com.test.ride:id/iv_title_
right').click()
                self.driver.get_screenshot_as_file("c:/send3.png")
            elif i==4:
                print "i==4"
                sleep(5)
                self.driver.find_element_by_id('com.test.ride:id/tv_send').click()
```

```
        sleep(5)
        self.driver.find_element_by_id('com.test.ride:id/ed_
input').send_keys("今天没有下雨".decode("GBK"))
        self.driver.find_element_by_id('com.test.ride:id/iv_title_
right').click()
        self.driver.get_screenshot_as_file("c:/send4.png")
    else:
        print "test complete"
if __name__ =='__main__':
    suit=unittest.TestSuite()
    suit.addTest(ride_method("test_login"))
    suit.addTest(ride_method("test_sendMessage"))
    timestr = time.strftime('%Y%m%d%H%M%S',time.localtime(time.time()))
    print(timestr)
    filename="D:\hzdl\\result_" + timestr + ".html"
    print (filename)
    fp = open(filename, 'wb')
    runner = HTMLTestRunner.HTMLTestRunner(
        stream=fp,
        title='测试结果'.decode("UTF-8"),
        description='测试报告'.decode("UTF-8")
        )
    runner.run(suit)
    fp.close()
```

11.5　性能测试工具

11.5.1　LoadRunner

　　LoadRunner 是一种评测软件系统性能的负载/压力测试工具。测试工程师利用该工具模拟成千上万个终端用户实施并发负载查找问题，并利用其自带的 Analysis 模块进行确认问题。LoadRunner 适用于各种体系架构的软件系统性能测试，利用 LoadRunner 能最大限度地缩短测试时间，优化性能和加速应用系统的发布周期。

　　LoadRunner 由美国 Mercury 公司研发，后被 HP 公司收购。LoadRunner 目前在性能测试工具市场上占有非常高，业内大多数公司都使用该工具实施软件性能测试。该工具通过监控服务器及客户端的交互信息，利用正确的解析协议，以本身特定的编译方式，模拟了大并发及数据量的负载或压力产生过程。

　　LoadRunner 共包含 5 大核心组件：LoadRunner License Utility、Virtual User Generator、Controller、Analysis 和 Load Generators。

1．LoadRunner License Utility

管理 LoadRunner 许可证信息，HP 公司默认给出了 50 个 Vuser 使用许可。

2．Virtual User Generator

LoadRunner 脚本开发及优化组件，测试人员选择正确的协议，录制被测对象的业务流程，根据实际业务规则优化增强脚本。Virtual User Generator 无法实现并发测试，仅能提供脚本生成及迭代操作。

3．Controller

LoadRunner 场景设计、监控的核心部件，通过 Virtual User Generator 生成的脚本，在 Controller 中以各种场景形式存在，从而模拟真实的业务行为、预期的并发压力。同时，在场景执行过程中，LoadRunner 多种资源监控的方法，便于测试结果的收集与分析。

4．Analysis

在 Controller 运行并收集相关测试数据后，Analysis 提供了完美的测试数据分析功能，通过各种图表、数据展示了测试过程中被测对象可能存在的问题，便于性能测试实施人员对被测对象做出是否存在性能问题或瓶颈的判断。

5．Load Generators

当 Controller 在运行过程中因本机无法产生足够负载，达不到测试设计要求时，可利用 Load Generators 进行负载的分担，从而通过组合压力的方式，产生更多的负载。

本章节结合实际项目案例，从性能需求分析定义、脚本录制开发、场景设计监控以及最后的测试结果分析，系统介绍 LoadRunner 性能测试实施的步骤。

【案例 11-5　OA 系统考勤业务性能测试指标】

设定 OA 系统需在 30min 内支持 2000 用户考勤操作，响应时间不超过 5s，考勤成功率 100%，服务器 CPU 及内存使用率不超过 75%。

1．测试需求分析与定义

普通用户往往会在集中的时间点内使用考勤功能，假设某企业早上 9 点上班，下午 5 点半下班，则应用高峰期在 8∶30~9∶00、17∶00~18∶00，峰值持续大约 30 分钟。从系统角度考虑，无须考虑具体时间，仅需关注时间段。

根据《OA 系统性能需求规格说明》，结合用户业务行为，可得出如下考勤功能性能需求。大约 2000 名用户在日常工作日需使用考勤功能，用户期望能在一定时间内完成考勤操作，如 5s 内。用户使用的同时，服务器系统资源正常并能支持长期运行。

2．性能指标分析与定义

通过上述的性能需求，可抽取出本次性能测试关注的性能指标：业务数、并发数、响应时间、系统资源（CPU、内存）等。

业务数：针对业务系统的总请求数，通常抽象为使用业务系统的用户数或交易数。考察一个系统的性能指标，常常关注业务数的多少。考勤功能从使用者人数来看，峰值在 2000 人左右（实际上并没有）。

并发数：单位时间内服务器端接收到的请求数量，通常虚拟为用户业务请求。考勤功能需考虑峰值情况下有多少用户同时提交考勤操作。该数值可通过企业日常的考勤记录进行估算，或者通过业务时间段内需完成的业务数确定。本案例因 LoadRunner 许可证限制，故并发数设定为 50 个。

响应时间：以用户角度而言，响应时间是用户发出请求到接收到响应结果这个过程所消耗的时间。对于服务器而言，响应时间则是接收到用户请求到发出响应结果这个过程所消耗的时间。通常情况下，测试工程师会从用户角度考虑，故响应时间一般表示为客户端发请求到收到结果过程的处理时间。

以本需求为例，用户期望的响应时间为 5s，指的是用户单击"考勤"按钮提交考勤业务到看到系统提示考勤成功这段时间在 5s 以内，响应时间越短越好。

系统资源：在提供正常业务服务的同时，服务器除了软件资源需稳定外，硬件也是需要监控的，如 CPU、内存、磁盘和网络带宽，一般性能测试活动关注 CPU 和内存较多，如无特殊资源需求，CPU 和内存的业内经验要求使用率不超过 75%。

其他的指标根据具体项目确定，如 TPS、业务成功率、吞吐量、连接池数量等。通过上述分析过程可得到表 11-2 所示的性能指标。

表 11-2　考勤业务性能指标

测试项	响应时间	业务成功率	并发数	业务总数	CPU 使用率	内存使用率
考勤	<=5s	100%	50	30 分钟完成 2000	<75%	<75%

3. 测试模型构建与评审

性能测试建模主要包括业务建模、环境建模和数据建模，业务建模主要关注被测对象的业务流程。例如，此处的考勤功能业务流程如表 11-3 所示。

表 11-3　考勤业务流程

操作步骤	Action 名称
（1）打开 OA 系统主页面	Open_index
（2）输入用户名及密码登录	Submit_login
（3）单击"员工考勤"链接	Into_signup
（4）单击"发送"按钮，提交考勤	Submit_signup
（5）退出系统	Logout

环境建模主要考虑被测对象的应用环境，尽可能模拟真实的用户环境，采用与线上系统相同的软硬件配置，或者利用数学建模公式推算环境模型。

数据建模从用户角度考虑，构建最真实的业务数据，从而达到模拟真实应用环境的目的，使性能测试活动更有效。

4. 脚本与场景用例设计

性能测试与功能测试不同，需设计脚本用例和场景用例，考勤功能的脚本用例与场景用例如表 11-4 和表 11-5 所示。

表 11-4　考勤性能测试脚本用例

用例编号：Signup-SCRIPTCASE-001	
约束条件：用户名不能重复，需进行参数化	
测试数据：　3000，规则 t0000 格式	
操作步骤	Action 名称
（1）打开 OA 系统主页面	Open_index
（2）输入用户名及密码登录	Submit_login
（3）单击"员工考勤"链接	Into_signup
（4）单击"发送"按钮，提交考勤	Submit_signup
（5）退出系统	Logout
优化策略	
优化项	备注
注释	
思考时间	需设置为 5s
事务点	
集合点	
参数化	用户名参数化为 t0000 格式，Unique Number，每次迭代
关联	
文本检查点	
其他	
测试执行人		测试日期	

表 11-5　考勤性能测试场景用例

用例编号		Signup-SCENARIOCASE-001			
关联脚本用例编号		Signup-SCRIPTCASE-001			
场景类型	单脚本	场景计划类型	场景		
场景运行步骤	初始化	默认			
	开始 vuser	立刻开始所有 vuser，50 个 Vuser			
	持续运行	运行直到完成			
	停止 vuser				
IP 欺骗功能	不启用	集合点策略设计	默认	负载生成器	未使用
运行时设置	默认	结果目录设置	默认	数据监控	Windows 系统

续表

预期指标值					
测试项	响应时间	业务成功率	并发数	CPU 使用率	内存使用率
考勤	≤5s	100%	50	≤75%	≤75%

实际指标值					
测试项	响应时间	业务成功率	业务总数	CPU 使用率	内存使用率

测试执行人			测试日期	

5．脚本设计与开发

利用 LoadRunner 实施性能测试，可通过录制方式获取测试脚本，并根据测试用例设计进行参数化操作。

（1）在 Virtual User Generator 中选择 "Web-HTTP/HTML" 协议，如图 11-27 所示，单击 "Create" 按钮。

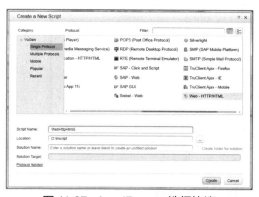

图 11-27　LoadRunner 选择协议

（2）输入 URL 地址：http://www.ryjiaoyu.com:8080/oa/index.jsp，根据需要设置 Action，无误后单击 "OK" 按钮完成录制设置，启动录制活动，如图 11-28 所示。

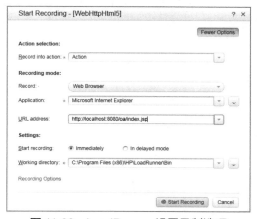

图 11-28　LoadRunner 设置录制选项

（3）录制完成后自动生成测试脚本。

```
Action()
{
/*打开 OA 系统首页*/
    web_url("index.jsp",
        "URL=http://www.ryjiaoyu.com:8080/oa/index.jsp",
        "Resource=0",
        "RecContentType=text/html",
        "Referer=",
        "Snapshot=t3.inf",
        "Mode=HTML",
        EXTRARES,
        "Url=../favicon.ico", "Referer=", ENDITEM,
        LAST);
/*输入用户名及密码时存在 5s 的等待时间*/
    lr_think_time(5);
/*输入用户名及密码登录 OA 系统*/
    web_submit_data("login_oa.jsp",
        "Action=http://www.ryjiaoyu.com:8080/oa/login_oa.jsp",
        "Method=POST",
        "RecContentType=text/html",
        "Referer=http://www.ryjiaoyu.com:8080/oa/index.jsp",
        "Snapshot=t5.inf",
        "Mode=HTML",
        ITEMDATA,
        "Name=name", "Value=admin", ENDITEM,
        "Name=pwd", "Value=111111", ENDITEM,
        "Name=pcinfo", "Value=", ENDITEM,
        "Name=imageField2.x", "Value=26", ENDITEM,
        "Name=imageField2.y", "Value=8", ENDITEM,
        EXTRARES,
        "Url=images/back.gif", ENDITEM,
        LAST);
/*验证成功后进入 OA 系统*/
    web_url("oa.jsp",
        "URL=http://www.ryjiaoyu.com:8080/oa/oa.jsp",
        "Resource=0",
        "RecContentType=text/html",
        "Referer=",
        "Snapshot=t6.inf",
        "Mode=HTML",
        EXTRARES,
```

```
        "Url=images/back.gif","Referer=http://www.ryjiaoyu.
com:8080/oa/desktop.jsp", ENDITEM,
        "Url=images/top-right.gif","Referer
=http://www.ryjiaoyu.com:8080/oa/desktop.jsp",ENDITEM,
        "Url=images/icon.gif",
"Referer=http://www.ryjiaoyu.com:8080/oa/desktop.jsp", ENDITEM,
        LAST);
/*进入考勤页面*/
    web_url("kaoqin.jsp",
        "URL=http://www.ryjiaoyu.com:8080/oa/kaoqin.jsp",
        "Resource=0",
        "RecContentType=text/html",
        "Referer=http://www.ryjiaoyu.com:8080/oa/lefttree.jsp",
        "Snapshot=t15.inf",
        "Mode=HTML",
        EXTRARES,
        "Url=images/back.gif", ENDITEM,
        "Url=images/top-right.gif", ENDITEM,
        LAST);
/*提交考勤数据*/
        web_submit_data("kaoqin.jsp_2",
"Action=http://www.ryjiaoyu.com:8080/oa/kaoqin.jsp?op=add",
        "Method=POST",
        "RecContentType=text/html",
        "Referer=http://www.ryjiaoyu.com:8080/oa/kaoqin.jsp",
        "Snapshot=t17.inf",
        "Mode=HTML",
        ITEMDATA,
        "Name=type", "Value=考勤", ENDITEM,
        "Name=direction", "Value=c", ENDITEM,
        "Name=reason", "Value=", ENDITEM,
        "Name=submit", "Value=发送", ENDITEM,
        EXTRARES,
        "Url=images/back.gif",
"Referer=http://www.ryjiaoyu.com:8080/oa/kaoqin.jsp?op=add", ENDITEM,
        "Url=images/top-right.gif",
"Referer=http://www.ryjiaoyu.com:8080/oa/kaoqin.jsp?op=add", ENDITEM,
        LAST);
/*退出 OA 系统*/
    web_url("exit_oa.jsp",
        "URL=http://www.ryjiaoyu.com:8080/oa/exit_oa.jsp",
        "Resource=0",
```

```
        "RecContentType=text/html",
        "Referer=http://www.ryjiaoyu.com:8080/oa/bottom.htm",
        "Snapshot=t18.inf",
        "Mode=HTML",
        EXTRARES,
        "Url=images/back.gif", ENDITEM,
        LAST);
/*返回OA系统首页*/
    web_url("index.jsp_2",
        "URL=http://www.ryjiaoyu.com:8080/oa/index.jsp",
        "Resource=0",
        "RecContentType=text/html",
        "Referer=",
        "Snapshot=t19.inf",
        "Mode=HTML",
        LAST);
    return 0;
}
```

上述代码由 LoadRunner 录制成功后根据 HTTP/HTML 协议解析自动产生，可正常回放，但通常情况下不符合实际业务需求，仍需根据被测对象实际业务过程进行优化。

6. 脚本调试与优化

根据测试需求，需模拟 2000 名用户考勤操作，系统不允许用户重复考勤，故用户名需进行参数化操作。

通过分析参数化对象，仅需对用户名进行参数化，密码无需变化。

（1）单击<kbd>⟨P⟩</kbd>按钮，打开 Parameter List，单击"New"按钮创建新的参数，如图 11-29 所示。

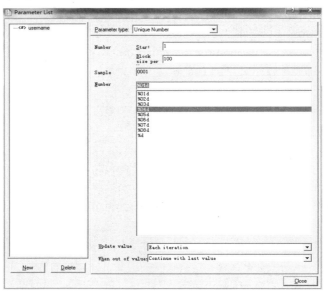

图 11-29　LoadRunner 参数设置

输入参数名称为 username，"Parameter type"选择"Unique Number"，"Block size per Vuser"根据实际需要调整，"Number"选择"%04d"，"Update value"选择"Each iteration"，其他默认即可。设置结果如图 11-29 所示。

（2）在系统中找到涉及用户名输入或使用用户名的地方，使用 t{username}参数替换，如图 11-30 所示。

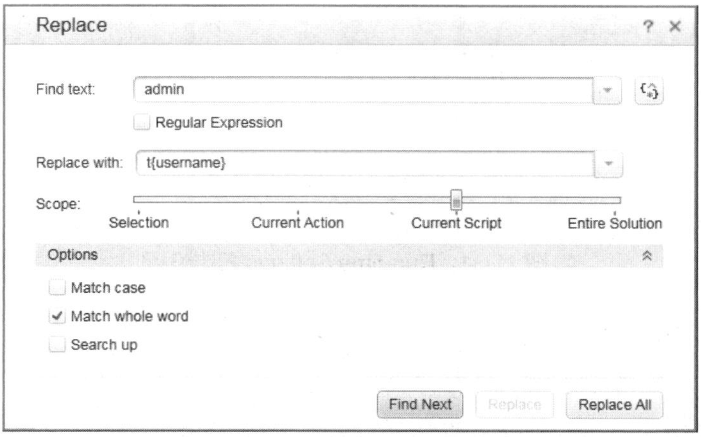

图 11-30　LoadRunner 参数替换

（3）完成所有替换后，部分代码如下。

```
web_submit_data("login_oa.jsp",

    "Action=http://www.ryjiaoyu.com:8080/oa/login_oa.jsp",

        "Method=POST",

        "RecContentType=text/html",

    "Referer=http://www.ryjiaoyu.com:8080/oa/index.jsp",

        "Snapshot=t5.inf",

        "Mode=HTML",

        ITEMDATA,

        "Name=name", "Value=t{username}", ENDITEM, /*原来的 admin 替换为
t{username}参数*/

        "Name=pwd", "Value=111111", ENDITEM,

        "Name=pcinfo", "Value=", ENDITEM,

        "Name=imageField2.x", "Value=26", ENDITEM,

        "Name=imageField2.y", "Value=8", ENDITEM,

        EXTRARES,

        "Url=images/back.gif", ENDITEM,

        LAST);
```

（4）开启 Run-time Setting 日志中的参数替换（Parameter substitution）功能，观察参数变化是否与设计期望一致，如图 11-31 所示。

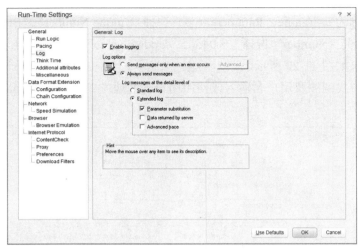

图 11-31　Run-time Settings 日志设置

（5）启动回放，在 Replay Log 中验证参数替换过程是否正确。

```
Action.c(4):Foundresource "http://www.ryjiaoyu.com:8080/oa/css.css"inHTML
"http://www.ryjiaoyu.com:8080/oa/index.jsp"[MsgId: MMSG-26659]
    Action.c(4): web_url("index.jsp") was successful, 74742 body bytes, 1331
header bytes   [MsgId: MMSG-26386]
    Action.c(17): Notify: Parameter Substitution: parameter "username" =  "0001"
    Action.c(17):Foundresource   "http://www.ryjiaoyu.com:8080/oa/common.css"
inHTML "http://www.ryjiaoyu.com:8080/oa/login_oa.jsp"[MsgId:MMSG-26659]
```

（6）利用替换后的用户 t0001 登录查看考勤是否成功记录。从图 11-32 中看出，脚本顺利运行，成功执行了考勤操作。

星期	日期	时间	去向	类型
五	1			
六	2			
日	3			
一	4	16:15:20	到达单位	考勤
二	5			

图 11-32　验证 OA 考勤功能结果

通过上述步骤，考勤功能脚本优化工作已经完成。

注意：此处设计的 t0001 格式的用户名需事先在系统中创建。

7．场景设计与实现

【案例 11-6　50 个用户并发考勤场景设计】

针对 50 个用户并发考勤业务，场景执行计划设计为一开始加载所有 Vuser，运行完成后释放。

（1）设置用户初始化方式为"每个用户在运行前初始化"，如图 11-33 所示。

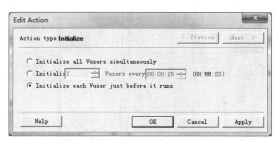

图 11-33 设置 Vuser 初始化方式

（2）设置 Vuser 为 50，立刻启动所有 Vuser，如图 11-34 所示。

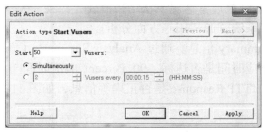

图 11-34 设置 Vuser 启动方式

（3）选择 "Run until completion"，运行完成后立刻结束，如图 11-35 所示。

图 11-35 设置 Vuser 持续运行方式

测试结果目录路径、集合点、IP 欺骗等选项可根据需要设定。场景执行计划设置好后，根据监控指标设计可能需设置系统资源监控。

（4）进入 Run 模块，添加系统资源监控，监控 OA 系统服务器 CPU 及内存。连接成功后可见图 11-36 中已成功获取 CPU 及内存数据。

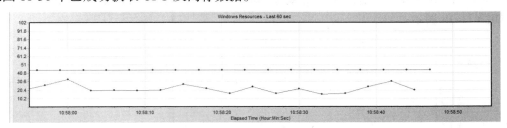

图 11-36 Windows CPU 与内存监控

8．场景执行与结果收集

设置完成确认无误后执行场景，运行完成后利用 LoadRunnerAnalysis 功能收集测试结果进行分析，如图 11-37 所示。

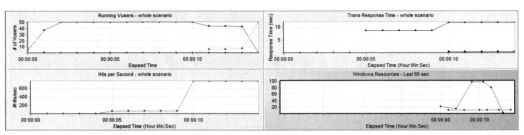

图 11-37　LoadRunner 场景执行示意图

9. 结果分析与报告输出

LoadRunner 场景执行结果通常情况下从结果概要、Vuser 状态图、事务响应时间、请求示意图、吞吐量示意图、系统资源耗用等方面分析。

（1）分析 Analysis Summary 信息。通过 Analysis Summary 了解到场景执行过程中是否存在问题，初步了解事务响应时间是否达标，90 Percent 响应时间与 Average 时间差距如何，Std.Deviation 是否过大、HTTP Response 是否正确等信息，如图 11-38 所示。

Analysis Summary　　　　　　　　　　　　　　Period: 2017/10/22 11:29 - 2017/10/22 11:30

Scenario Name:　Scenario1
Results in Session:　C:\Users\Administrator\AppData\Local\Temp\res\res.lrr
Duration:　14 seconds.

Statistics Summary

Maximum Running Vusers:	50
Total Throughput (bytes):	20,547,184
Average Throughput (bytes/second):	1,369,812
Total Hits:	4,150
Average Hits per Second:	276.667　　View HTTP Responses Summary

You can define SLA data using the SLA configuration wizard
You can analyze transaction behavior using the Analyze Transaction mechanism

Transaction Summary

Transactions: Total Passed: 350 Total Failed: 0 Total Stopped: 0　　Average Response Time

Transaction Name	SLA Status	Minimum	Average	Maximum	Std. Deviation	90 Percent	Pass	Fail	Stop
into sign Transaction		0.072	0.446	1.459	0.381	0.944	50	0	0
open index Transaction		0.059	0.085	1.068	0.141	0.074	50	0	0
sign off Transaction		0.047	0.178	1.237	0.177	0.346	50	0	0
submit login Transaction		3.333	6.432	7.771	1.182	7.5	50	0	0
submit sign Transaction		0.052	0.564	1.359	0.359	1.023	50	0	0
vuser end Transaction		0	0	0	0	0	50	0	0
vuser init Transaction		0	0	0.001	0	0	50	0	0

图 11-38　LoadRunner 场景执行结果摘要

（2）分析 Vuser 运行状态示意图，观察 Running Vusers 运行状态是否与场景执行计划一致，如图 11-39 所示。

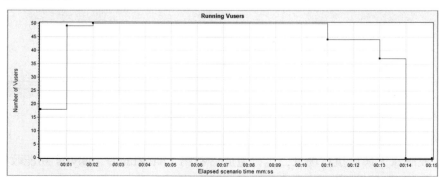

图 11-39　Vuser 运行趋势图

（3）分析 Hits per Second 示意图，分析请求示意图是否符合正常的运行状态，如图 11-40 所示。

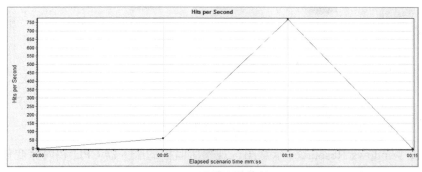

图 11-40　请求变化趋势图

（4）分析 Throughput 示意图，观察吞吐量变化趋势是否与请求示意图（见图 11-40）的变化趋势一致，如图 11-41 所示。

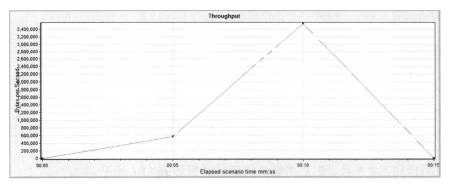

图 11-41　吞吐量变化趋势图

（5）分析 Transaction Summary 示意图，查看场景执行过程中，事务的运行情况是否都为 Pass 状态，如图 11-42 所示。

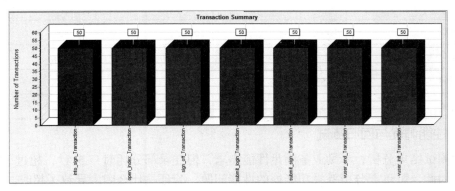

图 11-42　事务运行结果示意图

（6）分析 Average Transaction Response Time 示意图，查看事务响应时间示意图变化趋势是否平缓，平均事务响应时间是否与期望数据一致，如图 11-43 所示。

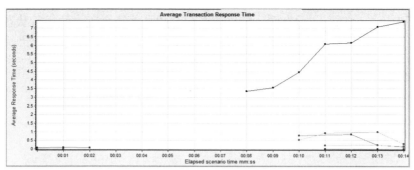

图 11-43　平均事务响应时间示意图

（7）分析 Windows Resources 示意图，观察所监控的服务器 CPU 和内存变化趋势是否平缓，并且平均使用率小于预期指标值，如图 11-44 所示。

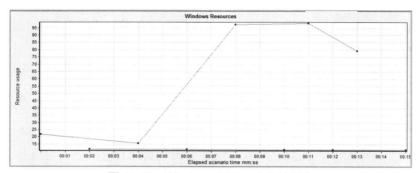

图 11-44　Windows CPU、内存使用率

通过上述 LoadRunner 图表分析过程，考勤操作在 1.023 秒，符合预期需求，但是登录操作的响应时间达到了 7.5 秒。汇总考勤性能测试结果如表 11-6 所示。

表 11-6　考勤性能测试结果统计

指标名称	预期结果	实际结果	测试结果
响应时间	≤5s	1.023	Pass
业务成功率	100%	100%	Pass
并发数	50	50	Pass
CPU 使用率	<75%	62.49%	Pass
内存使用率	<75%	33%	Pass

10. 性能调优与回归测试

通过测试结果分析，考勤业务满足性能需求，但登录部分耗时 7.5 秒，超过了常规的 5 秒习惯，因此，可重点分析登录功能处的性能问题，验证是什么因素导致了超时。

11.5.2　App 性能测试

移动应用自 2014 年爆发以来，发展非常迅猛，软件系统从早期的 C/S 结构，演变为 B/S 结构，如今又变化为移动 App+B/S 结构模式。在这个变革过程中，性能测试的对象及技术也产生了巨大的变化。

针对 Web 系统，利用 LoadRunner 或开源的性能测试工具 JMeter 实施。对于 App 性能，则分为两个不同的层面实施。

移动应用性能分为业务性能和软件性能。业务性能关注与 App 端与服务端的业务交互性能，而软件性能，则是 App 本身运行在设备上的性能。

1. App 与服务端性能测试

App 与服务端交互性能从本质上来说，仍然是客户端请求发送与服务器数据响应的交互过程，因此仍可利用 LoadRunner 实施 App 与服务器端的性能测试。

【案例 11-7　建设银行 App 登录脚本】

（1）设置手机网络与 LoadRunner 主机网络

将手机 Wi-Fi 网络与 LoadRunner 主机网络设置为同一网段。

（2）设置手机代理服务器

打开手机 Wi-Fi 网络设置界面，进入 Wi-Fi 设置界面（此处为 iPhone，Andriod 可能设置界面不一样），连接 Wi-Fi 网络，需与 LoadRunner 同一个网段，如图 11-45 所示。

单击已连接的 Wi-Fi 网络"Tenda_49E"后面的信息按钮，进入图 11-46 所示的界面。

选择"配置代理"，进入图 11-47 所示的界面。

图 11-45　设置手机 Wi-Fi 网络

图 11-46　手机网络代理设置

图 11-47　设置手机代理地址及端口

配置代理方式设为手动，服务器地址设为 LoadRunner 主机 IP 地址，端口设置为 LoadRunner 主机未被占用的端口，如此处的 8899。完成后执行存储操作。

上述操作完成后，需将 LoadRunner 主机的防火墙关闭，否则可能导致手机无法连接网络。

（3）设置 LoadRunner

启动 LoadRunner，创建脚本，协议选择为"Mobile Application-HTTP/HTML"协议，设置脚本存储地址后，进入录制设置。

单击录制按钮，出现图 11-48 所示界面。

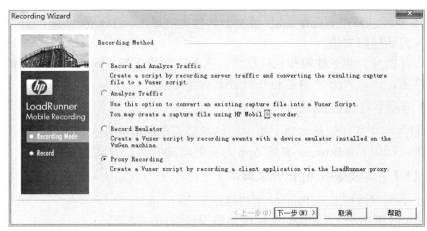

图 11-48　LoadRunner 录制选项设置

选择"Proxy Recording"，进入端口设置界面，如图 11-49 所示。

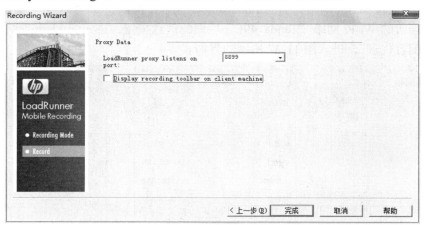

图 11-49　LoadRunner 录制代理端口设置

"LoadRunner proxy listens on port"设置为手机端的代理端口，如此处的"8899"。然后单击完成按钮，即可开始录制。

操作手机端的被测 App，LoadRunner 即可针对 8899 端口的数据交互进行监控并捕获，最终生成如下所示的脚本信息。

```
Action()
{

    web_add_cookie("ADVC=356dd16098c385; DOMAIN=adv.ccb.com");

    web_add_cookie("ASL=17464,zwqim,7f0000017f0000017f0000017f0000017f000
001; DOMAIN=adv.ccb.com");

    web_url("advall",
        "URL=http://www.ryjiaoyu.com/advall?z=advccb&c=30070&op=1&_visitn
```

um=2&_9103010000=9103010003&_000003=1&_000005=1&_000007=1&_000008=1&_000009=1
&_000010=1&_000011=1&_000012=1&_000015=1&_000016=1&_000020=1&_000021=1&_00002
2=1&_000023=1&_000024=1&_000025=0&_000026=2&_000027=06&_000028=510&_000029=0&
_000030=1&_000031=510436337&_000032=2&_000033=2&_000034=36&_000035=0.0&_00003
6=M&_000037=4&_000038=0&_000042=20120305&_000043=20150318&_000048=398&_000083
=50000&_000112=8&_000140=M&_000141=110705600&_000142="
            "510436337&_000143=510416162&_000151=1&_000152=1&_000157=A&_00015
8=233.0&_000107=1&_000120=1&_000123=1&_000129=1&_000055=1&_000050=10",

```
        "Resource=0",
        "RecContentType=text/html",
        "Referer=",
        "Snapshot=t4.inf",
        "Mode=HTML",
        LAST);


    web_custom_request("WCCMainPlatV5",
        "URL=http://www.ryjiaoyu.com/tran/WCCMainPlatV5?CCB_IBSVersion=V5
&SERVLET_NAME=WCCMainPlatV5&TXCODE=100119",
        "Method=GET",
        "Resource=0",
        "RecContentType=text/html",
        "Referer=",
        "Snapshot=t7.inf",
        "Mode=HTML",
        "EncType=application/x-www-form-urlencoded",
        LAST);


    web_submit_data("ccbNewUIClient",
        "Action=https://www.ryjiaoyu.com/cmccb/servlet/ccbNewUIClient",
        "Method=POST",
        "RecContentType=text/html",
        "Referer=",
        "Snapshot=t8.inf",
        "Mode=HTML",
        ITEMDATA,
        "Name=MBSKEY", "Value=", ENDITEM,
        "Name=USERID", "Value=", ENDITEM,
        "Name=SKEY", "Value=", ENDITEM,
        "Name=BRANCHID", "Value=", ENDITEM,
        "Name=JSON", "Value={\"request\":[{\"id\":\"id1\",\"preassociated
```

```
\":\"\",\"params\":{\"TimeStamp\":\"201710181624\",\"AppName\":\"10\"},\"txCode
\":\"PC0001\",\"version\":\"1.0.0\"}],\"header\":{\"version\":\"1.05\",\"ext
\":\"\",\"device\":\"iPhone\",\"agent\":\"mbp1.0\",\"local\":\"ZH_cn\",\"platform
\":\"iOS\"}}", ENDITEM,
          LAST);


    web_custom_request("MNECV6B2BMainPlat_2",
          "URL=https://www.ryjiaoyu.com/NCCB/MNECV6B2BMainPlat?USERID=99999
9&TXCODE=Y31000&resType=xml&CLNTEND_ID=04&MBLPH_NO=OfJiVNCUxu0%3D&PT_LANGUAGE
=CN&CCB_IBSVersion=V6&PT_STYLE=5",
          "Method=GET",
          "Resource=0",
          "RecContentType=text/html",
          "Referer=",
          "Snapshot=t22.inf",
          "Mode=HTML",
          "EncType=application/x-www-form-urlencoded",
          LAST);


    web_custom_request("MNECV6B2BMainPlat_3",
          "URL=https://www.ryjiaoyu.com/NCCB/MNECV6B2BMainPlat?USERID=999999
&TXCODE=Y11000&resType=xml&CLNTEND_ID=04&MSG_SEQ=17102414573201020 30348065&RET
_CD=0&RQS_RCRD_NUM=1&ENCRYPT=gax%2F6Oap8gT982V7LalxBPsKWEfGtdA%2BQluSJ5Xwit3
btOnPS7cMCihJEWQ8U50n&PT_LANGUAGE=CN&CCB_IBSVersion=V6&PT_STYLE=5",
          "Method=GET",
          "Resource=0",
          "RecContentType=text/html",
          "Referer=",
          "Snapshot=t24.inf",
          "Mode=HTML",
          "EncType=application/x-www-form-urlencoded",
          LAST);


    return 0;
}
```

在利用 LoadRunner 录制 App 与服务器性能交互过程中，可能会产生很多垃圾请求，因此录制后的脚本代码需根据实际需求进行优化，方能使用。其余操作则与 LoadRunner Web 性能测试类似。

2. App 软件运行性能

App 应用本身的性能，则可能需要考虑的是耗电量、CPU 占用、内存占用、启动时间等指标。目前这方面的工具较多，大多数都是 IT 自研自用的，也有些提供给了公众使用，如腾讯的 GT、网易的 Emmagee 等。

GT（随身调）是 App 的随身调测平台，它是直接运行在手机上的"集成调测环境"（IDTE, Integrated DeBug Environment）。利用 GT，仅凭一部手机，无需连接计算机即可对 App 进行快速的性能测试（CPU、内存、流量、电量、帧率/流畅度等等）、开发日志的查看、Crash 日志查看、网络数据包的抓取、App 内部参数的调试、真机代码耗时统计等。

GT 支持 iOS 和 Android 两个手机平台，iOS 版是一个 Framework 包，必须嵌入 App 工程，编译出带 GT 的 App 才能使用；iPhone 和 iPad 应用都能支持。

Android 版由一个可直接安装的 GT 控制台 App 和 GT SDK 组成，GT 控制台可以独立安装使用，SDK 需嵌入被调测的应用、并利用 GT 控制台进行信息展示和参数修改（介绍源自 GT 官网）。

通过这些工具的运用，可以测试 App 的软件运行性能。

实训课题

阐述接口测试的关注点，利用 JMeter 完成 OA 系统登录接口测试。

附录 ❶ 测试计划模板

测试计划模板如表附 1-1 ~ 表附 1-3 所示。

表附 1-1 软件测试计划

拟制		日期	
评审人		日期	

表附 1-2 修订记录

日期	修订版本	修改章节	修改描述	作者

表附 1-3 软件测试计划

关键词：

摘　要：

缩略语清单：

缩略语	英文全名	中文解释

1　目标

本节描述通过系统测试计划活动需要达到的目标，主要包括以下几点目标。

（1）所有测试需求都已被标识出来。

（2）测试的工作量已被正确估计并合理地分配了人力、物力资源。

（3）测试的进度安排是基于工作量估计的、适用的。

（4）测试启动、停止的准则已被标识。

（5）测试输出的工作产品是已标识的、受控的和适用的。

2　总体概述

2.1　项目背景

简要描述项目背景、项目的主要功能特征、体系结构及项目的简要历史等。

2.2　适用范围

指明该系统测试计划适用于哪些对象和哪些范围。

3 测试计划

3.1 测试资源需求

测试资源需求如表附 1-4 ~ 表附 1-7 所示。

表附 1-4　软件资源

资源	描述	数量

列出项目测试过程中所需的软件资源，需列出每项资源的名称、版本及数量。

表附 1-5　硬件资源

资源	描述	数量

列出项目测试过程中所需的硬件资源，需列出资源名称、型号及数量。

表附 1-6　其他设备资源

资源	描述	数量

如有其他设备资源，需在此列出。

表附 1-7　人员需求

资源	技能级别	数量	到位时间	工作时长

列出项目测试过程中所需的人力资源，如自动化测试工程师、性能测试工程师、接口测试工程师等，列出具体数量及期望到位时间、工作时长。

3.2 组织形式

列出项目团队组织形式，并说明不同职位职责。

3.3 测试对象

列出项目测试对象，具体哪些业务或者形式，如运行系统，还是代码，还是文档。

3.4 测试通过/失败标准

列出测试通过或失败标准，如下所示。

（1）达到 100% 需求覆盖。

（2）所有 1 级、2 级用例被执行，3 级、4 级用例执行率达到 60%。

（3）测试过程中缺陷率达到公司系统测试质量标准。

……

3.5　测试挂起/恢复条件

列出项目测试挂起/恢复条件，如下所示。

（1）基本功能测试不能通过。

（2）出现致命问题导致 30% 用例被堵塞，测试无法执行下去。

……

3.6　测试任务安排

3.6.1　任务 1

（1）方法和标准

指明执行该任务时，应采用的方法以及所应遵循的标准。

（2）输入/输出

给出该任务所必需的输入及输出。

（3）时间安排

给出任务的起始及持续的时间，为方便文档维护，建议采用相对时间，即任务的起始时间是相对于某一里程碑或阶段的相对时间。

（4）资源

给出任务所需要的人力和物力资源，工作量应明确到"人天"。

（5）风险和假设

指明启动该任务应满足的假设以及任务执行可能存在的风险。

（6）角色和职责

指明由谁负责该任务的组织和执行，以及谁将担负怎样的职责。

3.6.2　任务 2

（1）方法和标准

（2）输入/输出

（3）时间安排

（4）资源

（5）风险和假设

（6）角色和职责

4　应交付的测试工作产品

本节描述系统测试计划活动中确定的测试完成后应交付的测试文档、测试代码及测试工具等测试工作产品，例如：

（1）系统测试计划

（2）系统测试方案

（3）系统测试用例

（4）系统测试规程

（5）系统测试日志

（6）系统测试事故报告

（7）系统测试报告

......

5 资源的分配

5.1 培训需求
如果需技能、工具培训，需列出具体需求。

5.2 测试工具开发
如需自研测试工具，则需列出具体需求。

6 附录

参考资料清单。

测试计划制定过程中参考的文档资料。

附录 ② 测试方案模板

×××测试方案

目的

描述编写本测试方案的目的，解决什么样的问题。往往与测试计划一样。

读者对象

描述本测试方案的适用对象，一般描述为项目组成员，如 PM、开发工程师、测试人员，甚至包括用户。

项目背景

本次待测项目的背景情况，属于全新项目、升级项目、还是基于何种用户群体等。

测试目标

描述本次测试的目标，完成哪些方面的测试，如被测对象的功能、性能、兼容性、稳定性、安全性等，通常根据需求规格说明书中的质量特性确定。

参考资料

描述测试方案编写过程中的参考资料，一般为需求规格说明书、项目计划、项目研发计划、系统测试计划等。

软件要求

本次测试活动所需的软件环境，如服务器软件、客户端软件、测试工具软件等，需列出对应的版本信息。

硬件要求

列出本次测试活动所需的硬件资源，如服务器硬件配置、客户端硬件配置等。需列出具体型号。

测试手段

描述本次测试所采用的方式，如黑盒测试、白盒测试、接口测试、自动化测试等。测试手段的确定，限定了后续的测试实施。

测试数据

测试过程中所用的数据如何制造，数据来源是什么，尤其是可能需要真实用户数据的情况，更需说明。

测试策略

根据测试手段，确定具体的实施测试。如采用黑盒测试方法，则需说明如何开展黑盒测试，被测对象如何组织才更有效实施测试活动。

测试通过准则

与测试计划中的通过准则一致。

软件结构介绍

详细描述被测对象的结构情况，便于更细致地确定测试策略。

概述

被测组件的功能、约束、环境、接口等特性的描述。

整体功能模块介绍

被测对象实现的功能表述，来源于用户需求规格说明书。

整体功能模块关系图

被测对象与其他组件的结构关系，是否存在数据耦合。

系统外部接口功能模块关系图

是否存在第三方接口，如支付、第三方登录等。

系统内部接口功能模块关系图

被测对象内部是否存在数据调用、逻辑处理等问题。

系统测试用例

设计被测对象的系统测试用例，通常从功能、UI、性能、安装与卸载、兼容性等角度设计用例，采用的用例设计方法则有等价类、边界值、判定表、状态迁移和流程分析等。

附录 ③ 缺陷报告模板

缺陷报告模板如表附 3-1 所示。

表附 3-1 缺陷报告模板

缺陷 ID	1		
概要描述	订单查询功能查询结果日期降序排列显示功能未实现		
发现人	李四	下步处理人	张三
发现时间	2014-4-3 10:43:21	修复时间	2014-4-4 18:12:32
所属版本	OMS1.0	所属模块	订单查询
缺陷状态	Open		
缺陷严重度	High	修复优先级	
详细描述	订单查询功能处，选择起止日期后，查询结果未能以日期降序形式显示		

附录 ④ 测试用例模板

测试用例模板如表附 4-1 所示。

表附 4-1　测试用例模板

用例编号	CRM-ST-客户管理-新增客户-001
测试项	新增客户功能测试
测试标题	验证客户姓名包含特殊符号如单引号'时系统处理
用例属性	功能测试
重要级别	低
预置条件	登录用户具有客户管理权限
测试输入	客户姓名：张三，电话：18600000000，通信地址：北京市海淀区 100008 号信箱
操作步骤	（1）单击"新增客户"按钮； （2）输入相应测试数据； （3）单击"保存"按钮
预期结果	系统弹出对话框提示"客户新增成功!"，确定后，客户信息列表自动刷新，并正确列出该客户姓名及电话信息
实际结果	

附录 ⑤ 测试报告模板

1 引言

1.1 编写目的

说明这份测试分析报告的具体编写目的，指出预期的阅读范围。

1.2 背景

说明：

被测试软件系统的名称；

该软件的任务提出者、开发者、用户及安装此软件的计算中心，指出测试环境与实际运行环境之间可能存在的差异以及这些差异对测试结果的影响。

1.3 定义

列出本文件中用到的专业术语的定义和外文首字母组词的原词组。

1.4 参考资料

列出要用到的参考资料，如：

本项目的经核准的计划任务书或合同、上级机关的批文；

属于本项目的其他已发表的文件；

本文件中各处引用的文件、资料，包括所要用到的软件开发标准。列出这些文件的标题、文件编号、发表日期和出版单位，说明这些文件资料的来源。

2 测试概要

用表格的形式列出每一项测试的标识符及其测试内容，并指明实际进行的测试工作内容与测试计划中预先设计的内容之间的差别，说明做出这种改变的原因。

3 测试结果及发现

3.1 测试 1（标识符）

把本项测试中实际得到的动态输出（包括内部生成数据输出）结果与动态输出的要求进行比较，陈述其中的各项发现。

3.2 测试 2（标识符）

用类似本报告 3.1 条的方式给出第 2 项及其后各项测试内容的测试结果和发现。

4 对软件功能的结论

4.1 功能 1（标识符）

4.1.1 能力

简述该项功能，说明为满足此项功能而设计的软件能力以及经过一项或多项测试已证实的能力。

4.1.2 限制

说明测试数据值的范围（包括动态数据和静态数据），列出就这项功能而言，测试期间在该软件中查出的缺陷、局限性。

4.2 功能 2（标识符）

用类似本报告 4.1 的方式给出第 2 项及其后各项功能的测试结论。

……

5 分析摘要

5.1 能力

陈述经测试证实了的本软件的能力。如果所进行的测试是为了验证一项或几项特定性能要求的实现，则应提供这方面的测试结果与要求之间的比较，并确定测试环境与实际运行环境之间可能存在的差异对能力的测试所带来的影响。

5.2 缺陷和限制

陈述经测试证实的软件缺陷和限制，说明每项缺陷和限制对软件性能的影响，并说明全部测得的性能缺陷的累积影响和总影响。

5.3 建议

对每项缺陷提出改进建议，如：

各项修改可采用的修改方法；

各项修改的紧迫程度；

各项修改预计的工作量；

各项修改的负责人。

5.4 评价

说明该项软件的开发是否已达到预定目标，能否交付使用。

6 测试资源消耗

总结测试工作的资源消耗数据，如工作人员的水平级别数量、机时消耗等。

附录 ⑥ 性能测试报告

×××（针对内存溢出问题）性能测试报告

关键词：

×××系统　性能测试　事务响应时间　测试报告

摘　要：

本测试报告用于说明×××系统的内存溢出压力测试结果。

缩略语清单：

×××：×××管理系统

概述

本测试报告用于说明×××系统中的内存溢出压力测试结果。根据客户反馈的情况，×××系统存在内存溢出的问题，主要体现在系统运行一段时间后，做任意业务操作，会引发内存溢出问题，针对这种情况，分析 Web 服务器的配置，执行本次性能测试。

测试目的

本次测试的重点是重现×××系统的内存溢出问题。根据客户的反馈信息，结合研发同事的建议，执行本次测试，目的在于重现×××的内存溢出问题，未涉及功能测试，以测试结果协助研发同事解决问题。

对象分析

系统按照 B/S（Browser/Server）模式设计。用 JSP 实现前台，SQL Server 2008 作后台数据库。Web 服务器使用 JBOSS AS 7.0.2，编译器使用 JDK1.7 版本，Web 服务器日志输出调整为 ERROR 级。

测试策略

本次测试分别模拟 3 个用户，虚拟 3 个 IP，进行客户信息新增、客户列表读取、考核标准设置中的评价标准等操作，分别持续运行 3 小时与 4 小时。

测试模型

测试环境描述。

测试环境需求（见表附 6-1）

表附 6-1　性能测试环境需求

主机用途	机型/OS	台数	CPU/台	内存容量/台	对应 IP
Web 服务器	Windows 2008 Server	1	i5	8G	192.168.1.39
数据库服务器	Windows 2008 Server	1	i5	8G	192.168.1.212
测试代理服务器	Windows 7 x64	1	i5	8G	192.168.1.99

测试工具要求

PC 1 台，LoadRunner 12.0 性能测试工具。

测试代码要求

准备好测试数据、系统资源，开启 Web 服务。JBOSS 配置 java 内存为最小 700MB，最大 700MB。

详细测试方法

本部分主要描述测试方法，资源监控及测试启动等方面内容。

测试方法综述

根据×××系统中的权限管理机制，同一 IP 只能同时登录一个用户，这样模拟多个用户就需要多个不同的 IP，否则权限系统会拒绝登录，无法模拟实际的情况，故采用 IP 欺骗方法，虚拟出 3 个不同的 IP 进行测试。根据客户反馈的结果分析，选取×××系统中的关键业务点：客户信息新增，客户信息列表读取，考核标准设置中的评价标准，分别模拟 3 个 IP、3 个用户持续运行 4 小时的测试场景。测试在这样的压力下，系统是否抛出内存溢出问题。

并发用户计算及启动

第一次测试模拟 3 个用户，同时启动浏览客户列表、新增客户信息操作，持续运行 3 小时。第二次测试模拟 3 个用户，同时启动浏览客户列表、新增客户信息、浏览客户的考核标准信息等，持续运行 4 小时。与第一次相比，增加了浏览客户考核标准操作。

监视统计数据

根据性能测试的目的，主要对 Web 服务器的 CPU、内存、进行监控和分析。因测试服务器与测试代理机在同一网段内，故忽略网络因素。本次测试没有监控数据库资源使用情况。表附 6-2 列出了主要需监控的选项。

表附 6-2　性能测试系统资源监控指标

监控计数点	描述
Web 服务器	
CPU	测试过程中 CPU 的使用率
内存	测试过程中内存使用率

业务模型

第一次测试模拟 3 个用户在前台进行×××系统客户列表浏览，客户信息新增操作。业务流程如下。

×××系统：

使用用户账号登录（用户名 test，密码 111）登录到 http://www.ryjiaoyu.com：8080/ws，选择"客户管理"标签，进入客户管理系统；

在"档案管理"页面进行新增操作；

另外一个用户使用用户名 admin，密码 111，登录客户系统，在"档案管理"处进行客户信息的浏览，实际是不间断刷新客户查询列表；

第二次测试模拟 3 个用户在前台进行×××系统客户列表浏览，客户信息新增操作，考核标准中的评价标准浏览。业务流程如下。

×××系统：

使用用户账号登录（用户名 test，密码 111）登录到 http://www.ryjiaoyu.com:8080/ws；

选择"客户管理"标签，进入客户管理系统；

在"档案管理"页面进行新增操作；

另外一个用户使用用户名 admin，密码 111，登录客户系统，在"档案管理"处进行客户信息的浏览，实际是不间断刷新客户查询列表；

使用用户 bj，密码 111，登录客户系统，在"考核标准"中浏览"评价标准"页面。

测试结果

CPU 使用情况如下。

第一次测试如图附 6-1 所示。

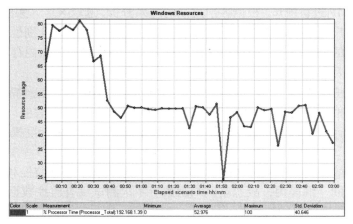

图附 6-1　第一次 CPU 使用率趋势图

第二次测试如图附 6-2 所示。

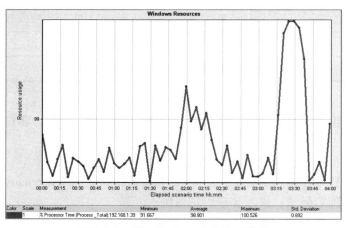

图附 6-2　第二次 CPU 使用率趋势图

从上面两张图可以看出，在第二次测试，增加了考核标准中的评价标准浏览页面的测试后，Web 服务器的 CPU 使用率基本维持在 98%左右。由此可以推测考核标准中的评价标准页面可能存在性能问题。

内存使用情况如下。

第一次测试如图附 6-3 所示。

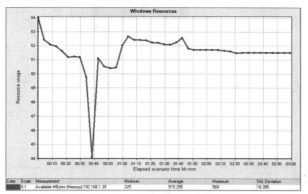

图附 6-3　第一次内存使用率趋势图

第二次测试如图附 6-4 所示。

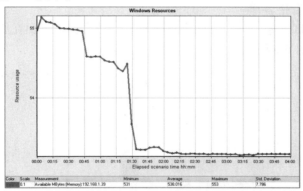

图附 6-4　第二次内存使用率趋势图

由以上两幅图可以看出，Web 服务器的可用物理内存在第二次测试时，出现了下降的趋势，在下降一定程度后，维持不变，说系统被用掉的物理内存没有及时释放，通过比较前后两次测试的差别，可以推测客户评价标准处可能存在内存泄露问题。

页面分解如图附 6-5 和图附 6-6 所示。

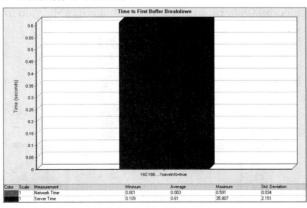

图附 6-5　页面资源分解图一

http://www.ryjiaoyu.com:8080/crm/archive/providerInfoAction.do?saveInfo=true

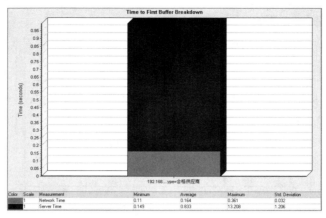

图附 6-6　页面资源分解图二

http://www.ryjiaoyu.com:8080/crm/archive/archiveTreeAction.do?isList=true&providerTypeId=hege&providerType=合格客户

以上是第一次测试结果中，对页面进行分解后，得出相关页面在服务器处理端的耗时情况，如图附 6-7 和图附 6-8 所示。

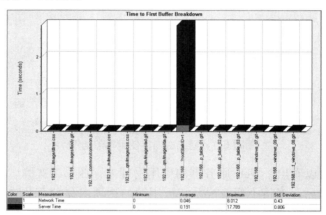

图附 6-7　页面资源分解图三

http://www.ryjiaoyu.com:8080/crm/evaluatesys/evaluateStanMain.do?rootStalkID=1

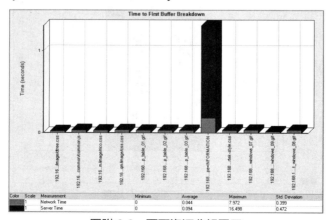

图附 6-8　页面资源分解图四

http://www.ryjiaoyu.com:8080/crm/evaluatesys/ListRootEvaluateStan.do?bySort=true&infoType=INFORMATION

以上是第二次测试客户评价标准相关页面的分解情况。其他的未详尽列出。

具体的页面请研发同事自行分析。

测试结论

本次测试共执行 2 次，第一次执行 3 小时，第二次执行 4 小时。整个测试过程出现两次错误报告。测试结论如下。

（1）通过比较两次测试结果，差别较大的是体现在第二次增加了考核标准中的评价标准页面浏览操作，Web 服务器的 CPU，内存都有比较大的变化，由此可以推测考核标准中的评价标准页面可能存在问题。

（2）通过分解测试对象的相关页面，发现几个主要操作，涉及数据库查询、添加的操作，在服务器端的耗时比较长，特别体现在客户列表的读取。故推测客户列表处的 SQL 语句可能存在问题，可优化。

（3）Web 服务器的配置也是一个值得研究优化的地方，如何使 Web 服务器发挥最大效能，请研究同事解决。

（4）在测试过程中，监控 Web 服务器端的 console 发现，系统打出了比较多的日志信息，其中有类似这样的 SQL 语句。

16:13:02,140 INFO [STDOUT] Hibernate: select count(*) as col_0_0_ from XXX_WS_WSPACE_NOTICE notice0_ where ((RELEASESTATE='已发布')and(ISDELETE not like '%测试员%')and(RELEASE_BY!='测试员')and(RELEASE_SCOPE like '%开发部%'))or((RELEASE_By='测试员')and(ISDELETE not like '%,测试员,%'))

（5）建议对此类的 SQL 语句进行优化。

通过本次测试，虽未能重现×××系统的内存溢出的问题，但在一定程度上可以推测系统中的某些地方存在一定的问题，有优化空间。

附录 **7** **性能测试问卷模板**

性能测试问卷模板如表附 7-1 所示。

表附 7-1 性能测试问卷调查表

公司项目名称	简称	
	全称	
部门		
联系人	联系方式	

测试环境信息

业务系统相关信息	
系统出现过什么问题	□频繁宕机频繁重启　　□客户反映系统访问慢　　□找不到慢的根本原因 □JVM 堆栈占用高　　　□CPU 非常繁忙　　　　□Others

系统架构	□J2EE	□LAMP	□B/S
	□.NET	□Others	□C/S

J2EE 类型	□WebLogic　　　　□Tomcat　　　　□JBoss □WebSphere　　　□Borland AppServer □Oracle iAS　　　□SAP NetWeaver　□Others	具体版本

JDK 信息	□SUN	□IBM	□HP	□BEA JRockit	□Others
JDK 版本	□1.3	□1.4	□1.5	□1.6	□Others
OS 信息	□Solaris	□AIX	□HP-UX	□Windows	□Linux	□Others
数据库信息	□Oracle □Mysql □SQL Server　□Sybase　□DB2 □Informix　□Others

产品性能需求信息

目前使用何种性能测试工具	□HP LoadRunner　　□Grinder　　□PUnit　　　　　　□JMeter □IBM Rational Robot　□IBM performance tester
熟练使用何种开发语言	□C/C++　□C#　□VB　□Java
是否用过 J2EE 性能监控和管理工具	□CA Wily IntroScope　　　　　□Quest PerformaSure □BMC Appsight　　　　　　　□I3 Precise □Compuware Vantage for J2EE　□HP/Mercury Diagnostics □Application Manage　　　　　□Others

续表

是否在演示环境和线上系统进行部署	☐是 ☐否，仅仅在测试系统上	效果如何	
项目是否有性能需求规格说明书或在软件需求规格说明书中 Highlight 性能需求			
如果已经开展性能测试，遇到的主要问题有哪些			
描述产品架构、网络协议、操作系统、Web 服务器、数据库、开发语言等			
系统业务流程图			
系统组网图			
网络拓扑图			

附录 ⑧ 性能测试脚本用例模板

性能测试脚本用例模板如表附 8-1 所示。

表附 8-1　性能测试脚本用例表

用例编号：UR-SCRIPTCASE-001	
约束条件：　用户名不能重复，需做参数化	
测试数据：　3000，规则 t0000 格式	
操作步骤	**Action 名称**
（1）打开 http://www.ryjiaoyu.com:1080/WebTours/	Open_index
（2）单击 sign up now 连接，进入注册页面	Into_register
（3）输入 username 及 password、confirm，单击 Continue…按钮	Submit_register
（4）单击退出按钮	Sign_out
优化策略	
优化项	**是否需要**
注释	
思考时间	
事务点	
集合点	
参数化	
关联	
文本检查点	
其他	
测试执行人		**测试日期**	

附录 ❾   性能测试场景用例模板

性能测试场景用例模板如表附 9-1 所示。

表附 9-1　性能测试场景用例表

用例编号	UR-SCENARIOCASE-001			
关联脚本用例编号	UR-SCRIPTCASE-001			
场景类型	单脚本	场景计划类型：	场景	
场景运行步骤	初始化	默认		
	开始 vuser	立刻开始所有 vuser		
	持续运行	运行直到完成		
	停止 vuser			
IP 欺骗功能	不启用	集合点策略设计	默认	负载生成器 未使用
运行时设置	默认	结果目录设置	默认	数据监控 Windows 系统

预期指标值：

测试项	响应时间	业务成功率	业务总数	CPU 使用率	内存使用率
用户注册	≤2 秒	≥95%	3000/10min	<70%	<70%

实际指标值：

测试项	响应时间	业务成功率	业务总数	CPU 使用率	内存使用率

测试执行人			测试日期	